化学实验室安全操作指南

吕明泉　主编

王能东　徐烜峰　副主编

U0231849

北京大学出版社

PEKING UNIVERSITY PRESS

图书在版编目 (CIP) 数据

化学实验室安全操作指南 / 吕明泉主编 . — 北京：北京大学出版社，2020. 7
ISBN 978-7-301-31497-5

Ⅰ. ①化⋯　Ⅱ. ①吕⋯　Ⅲ. ①化学实验—实验室管理—安全管理—指南　Ⅳ. ① O6-37

中国版本图书馆 CIP 数据核字 (2020) 第 139207 号

书　　　　名	化学实验室安全操作指南	
	HUAXUE SHIYANSHI ANQUAN CAOZUO ZHINAN	
著作责任者	吕明泉　主编	
责 任 编 辑	郑月娥　曹京京	
标 准 书 号	ISBN 978-7-301-31497-5	
出 版 发 行	北京大学出版社	
地　　　址	北京市海淀区成府路 205 号　100871	
网　　　址	http: //www. pup. cn　新浪微博：@ 北京大学出版社	
电 子 信 箱	zye@pup. pku. edu. cn	
电　　　话	邮购部 010-62752015　发行部 010-62750672　编辑部 010-62767347	
印 　刷 　者	天津中印联印务有限公司	
经 销 者	新华书店	
	730 毫米 ×980 毫米　16 开本　10 印张　180 千字	
	2020 年 7 月第 1 版　2020 年 7 月第 1 次印刷	
定　　　价	30. 00 元	

本书编委会

主　编

吕明泉

副主编

王能东　　徐烜峰

编委（根据参与编写的工作量排序）

孙荣华　　李泽军　　牛佳莉　　杨　晨　　郭倩倩
肖钰源　　张　澈　　杨骐戎　　张文远　　成丹阳
张树辰　　叶方俊　　邱　忆　　罗龙飞　　鹿建华
韩　含　　李博文　　王　骞　　张　蕾　　施蒂儿
许连杰　　郑博元　　杨　玲　　李海生　　陈柏桦
王　岩　　阮　浩　　陆阳彬

序　言

　　化学是一门以实验为基础的科学,通过实验研究物质的组成、性质及变化规律。化学实验的开展必须以安全为前提,应确保实验参与者的人身安全和财产安全。由于危险化学品的不稳定性、反应的不确定性等因素的存在,化学实验室中可能存在危险化学品泄漏、爆炸、辐射、着火、触电等诸多危险。若实验人员安全意识淡薄、安全知识和技能不足、违规操作,不注意实验过程中的人身防护,极易导致实验室安全事故的发生,造成不可挽回的人身伤害以及财产损失。因此,化学实验的安全操作规范及安全防护措施不可或缺。

　　过去的十多年,国内外化学实验室发生了多件令人心痛的事故,造成人员伤亡,产生了不良的社会影响,同时也给人们敲响了警钟:安全无小事。2008 年 12 月,美国某大学一研究助理在处理叔丁基锂的时候,不慎使叔丁基锂发生泄漏,导致起火并造成了全身大面积烧伤,三周之后在医院去世。造成这个事故的原因是多方面的:该研究助理在进行实验的时候没有按规定穿防护服,没有遵循实验操作规范等等。任何安全事故都映射出安全操作和安全管理等方面的漏洞,代价是惨痛的。实验室人员应从安全事故中汲取经验教训,养成良好的安全习惯,具备足够的安全专业知识,严格按照操作规范进行实验。古语有云,祸患可销于未萌,祸患常积于忽微。

　　由北京大学化学与分子工程学院吕明泉老师主编、北京大学出版社出版的《化学实验室安全操作指南》系统介绍了实验室的基本安全知识,各类操作规程,常用仪器设备的使用方法、注意事项及应急预案,涵括了基本实验操作、危险化学品的使用、仪器设备安全、生物安全、辐射防护安全、压力容器安全、消防安全与应急设备等方面的内容。此书对高中化学和大学化学教育都很重要，甚至对许多科研及生产单位的化学实验室工作人员也是很好的参考书。

实验室是我们共同的家园，需要每一个参与者的守护，在安全护航的实验室开展工作是幸福的。衷心感谢所有关心和支持实验安全工作的广大读者！在此，也感谢北京大学化学与分子工程学院的所有师生为学院的实验安全做出的积极贡献！

席振峰

中国科学院院士

北京大学化学与分子工程学院实验室安全委员会主任

2020 年 6 月

前　言

　　化学是一门以实验为主的学科,实验是保障教学、科研顺利开展的重要方法和手段,确保实验安全进行是实验人员应尽的责任和义务。实验设计和参与者应正确认识实验过程中的潜在危险,具备较高的安全意识并掌握正确的操作规程后才能进行实验。培养和不断强化安全意识是确保人员安全和实验安全的前提,掌握并遵循规范的操作规程是确保人员安全和实验安全的重要保障。

　　确保实验安全进行没有捷径,唯有严格遵守操作规程。操作规程是指在实验室工作中必须遵守的、保证实验室安全的规定程序,旨在规范具体实验操作步骤和流程,以避免安全事故发生。我国教育部科技司"高等学校实验室安全检查项目表(2018)"中明确要求:涉及安全隐患的设备(如大型仪器、高温、高速、高压、强磁、低温等设备)要有安全操作规程,并明示;危险性实验、工艺有实验指导书或操作规程(含安全注意事项),并明示。违反操作规程进行实验极有可能引发安全事故,造成不可挽回的人身伤害和财产损失。2010年美国某大学实验室发生爆炸事故,之后美国国家化学品安全与危害调查委员会在其事故分析报告中呼吁美国各大学实验室安全操作仍需要进一步规范;美国化学学会也在其发布的实验室安全指导文件中,要求严格规范化学实验操作程序,明确风险所在。回顾以往的实验室安全事故,很多是由于没有制定科学的操作规程或没有严格执行操作规程造成的。

　　北京大学化学与分子工程学院历来把保障实验安全放在首要的位置,注重规范实验操作规程。为此我们组织了一批长期在实验室一线工作的师生,通过查阅有关的法律法规和标准,并结合北京大学化学与分子工程学院实验室的特点及多年积累的实际工作经验编写了这版《化学实验室安全操作指南》。

本指南对化学实验室涉及的基本实验操作、仪器设备、危险化学品、压力容器、生物实验、辐射防护等方面的基本常识、实验操作规程、实验注意事项以及违规操作可能导致的后果进行了较详尽的阐述,同时还对实验室常见的消防设备及防护装备的使用方法进行了简要的介绍。

本指南将实验室安全工作的理论和实际相结合,具有较强的科学性、实用性和针对性,简明扼要,旨在为实验室工作的一线人员提供最基本的安全常识和安全操作规范指导,同时也为从事相关工作的实验室管理人员提供参考。

本书由吕明泉主编,王能东、徐烜峰副主编,孙荣华、李泽军、牛佳莉、杨晨、郭倩倩、肖钰源、张澈、杨骐戎、张文远、成丹阳、张树辰、叶方俊、邱忆、罗龙飞、鹿建华、韩舍、李博文、王骞、张蕾、施蒂儿、许连杰、郑博元、杨玲、李海生、陈柏桦、王岩、阮浩、陆阳彬参与了编写。初稿完成后吕明泉、时征、王能东与徐烜峰对全书进行了统稿和定稿。张奇涵、黄闻亮、杨玲、负琳、廖复辉、童廉明与李梦圆分别对本书进行了审定,提出了很多宝贵意见和建议,在此表示感谢!

由于编者水平所限,错误和不足之处在所难免,敬请读者提出宝贵意见!

编者

2019 年 6 月

目　　录

第 1 章　基本实验操作

1.1　常压蒸馏

常压蒸馏是化学实验最基本的操作之一,可将沸点相差30 ℃以上的两种液体混合物分离,常压蒸馏不能分离二元或三元共沸混合物。进行常压蒸馏时应注意以下几点:

(1)蒸馏装置安装:安装蒸馏装置一般是从下到上、从左(头)到右(尾),安装仪器时绝不能使装置形成封闭系统,因为封闭系统在加热时内部压力增加可能会引起爆炸事故。蒸馏瓶应与所蒸馏的液体量配套,蒸馏液体的体积量应不少于蒸馏瓶体积的 1/3,不多于 2/3。接收瓶可用磨口锥形瓶或圆底烧瓶。具体如图 1-1 所示。

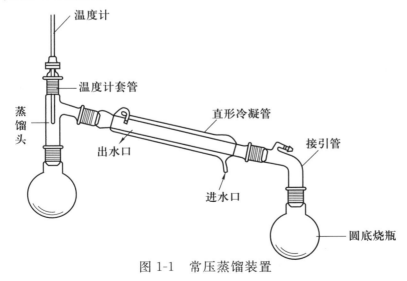

图 1-1　常压蒸馏装置

（2）温度计的位置：温度计液球上线应与蒸馏头侧管下线对齐。

（3）冷凝管的选用：待蒸馏液体的沸点低于 140 ℃ 时用通冷却水的直形冷凝管，高于 140 ℃ 时用空气冷凝管。

（4）热源的选用：待蒸馏液体的沸点低于 80 ℃ 时一般用水浴，高于 80 ℃ 时用空气浴、油浴或沙浴。

（5）将待蒸液体通过玻璃漏斗小心倒入蒸馏瓶中。由冷凝管下口缓缓通入冷水，自上口流出。开动电磁搅拌，然后开始加热。在整个蒸馏过程中，应保持温度计液球上有冷凝的液滴滴下。要控制好蒸馏速度，以接收时每秒钟流出 1～2 滴为宜，不要加热太快，以致成细流流出。操作者应注意观察蒸馏过程情况的变化，不允许离开实验室。离开实验室时，应委托他人看管或停止加热。

（6）蒸馏完毕，应先停止加热，待蒸馏瓶冷却后关掉冷凝水，拆下仪器。拆除仪器的顺序和装配的顺序相反，先取下接收器，然后拆下接引管、冷凝管、蒸馏头和蒸馏瓶等。

（7）某些液体可能因蒸干后导致爆炸，因此蒸馏结束时，瓶内应留少量液体。蒸馏易燃溶剂时，装置要防止易燃蒸气泄漏，接收器支管应与橡皮管相连，使余气从通风柜排出。需要时，在通风柜内操作。

1.2 减压蒸馏

减压蒸馏是分离和提纯有机化合物的一种重要方法，适用于常压蒸馏时未达沸点即已受热分解、氧化或聚合的物质。蒸馏装置如图 1-2 所示。

当选用油泵进行减压时，为了保护泵油和机件免受易挥发有机溶剂、酸性物质和水汽污染，应在馏液接收器与油泵之间依

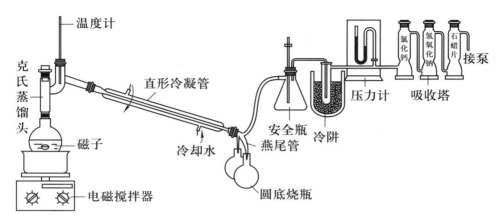

图 1-2　减压蒸馏装置

次安装冷阱和吸收塔。吸收塔通常设三个,第一个装无水
$CaCl_2$ 或硅胶,吸收水汽;第二个装粒状 NaOH,吸收酸性气体;
第三个装切片石蜡,吸收烃类气体。可以用隔膜泵替代油泵,低
温金属浴替代冷阱,但价格较贵。当选用水泵进行减压时,安全
瓶可直接连接水泵,安全瓶应保持洁净干燥。可在水泵箱里加
入适量的冰块以获取较低的真空度,当发现水泵箱内水质混浊、
起泡变质,应及时更换,尤其是有低沸点有机溶剂抽入的应及时
换水。

　　常用的减压蒸馏系统可分为蒸馏、抽气(减压)、安全系统和
测压四部分。整套仪器必须装配紧密,所有接头需润滑并密封,
这是保证减压蒸馏顺利进行的先决条件。但润滑剂不宜多,以
免污染体系。

　　液体沸腾的气化中心现多采用电磁搅拌,磁子的搅拌带动
液体的旋转,可起到气化中心的作用。接收器可用圆底烧瓶或
梨形瓶,切不可用平底烧瓶或锥形瓶。蒸馏时若要收集不同的
馏分而又不中断蒸馏,则可用两尾或多尾接收管。

如果蒸馏的液体量不多且沸点甚高,或是低熔点的固体,可不用冷凝管,而将克氏蒸馏头的支管通过接收管直接接收。蒸馏沸点较高的液体时,最好用保温材料包裹蒸馏瓶,以减少散热。

仪器安装好后,需先测试系统是否漏气,检查仪器不漏气后,加入待蒸的液体,待蒸液体量不少于蒸馏瓶容积的 1/3,不超过蒸馏瓶容积的 1/2。可选择水浴、油浴等热浴加热蒸馏,控制浴温比待蒸馏液体的沸点高 20～30 ℃。蒸馏时先开动搅拌,开启冷凝水,启动减压泵减压至压力稳定,调整加热至适宜温度。接收时馏出速度以每秒钟 1～2 滴为宜,在整个蒸馏过程中,要密切注意温度计和压力表的读数并及时记录。

蒸完后,应先移去加热浴,待蒸馏瓶完全冷却后再慢慢开启安全瓶活塞放气。因有些化合物较易氧化形成过氧化物,若加热时突然放入大量空气,有可能导致发生爆炸事故! 放气后再关水泵或油泵。

注意事项:

(1)在减压蒸馏系统中切勿使用有裂缝或薄壁的玻璃仪器,尤其不能用不耐压的平底瓶(如锥形瓶)。因为减压抽真空时瓶体各部分受力不均匀易使瓶体炸裂。

(2)减压蒸馏最重要的是系统不漏气,压力稳定,平稳沸腾。建议采用"分段"检测压力法来判断系统气密性。有些化合物遇空气很易氧化,在减压时,可由毛细管通入氮气或二氧化碳保护。

(3)蒸出液接收部分,通常使用燕尾管连接两个梨形瓶或圆底烧瓶。需要称量产物时应在安装接收瓶前先称好每个瓶的质量,并作记录以便计算产量。

(4)在使用水泵时应注意观察真空度的变化,若真空度突然减低,有可能导致馏分倒吸。为了防止这种情况发生造成损失,事先需在水泵和蒸馏系统间安装安全瓶。

1.3　溶剂的除水处理

在化学实验室中,从试剂公司直接购买的有机溶剂,其中会有一些微量的水及杂质。对于一般的实验,直接使用这些溶剂对结果不会造成很大影响。但是对于某些严格要求无水环境的实验,微量的水分及杂质会造成反应产率降低、重复性下降、无法反应,甚至还有可能会发生危险。因此,在进行这类实验前,需要对购买的溶剂进行重蒸除水操作。首先介绍一下溶剂重蒸处理装置,如图 1-3 所示。

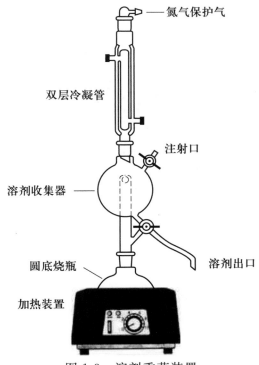

图 1-3　溶剂重蒸装置

图 1-3 中,圆底烧瓶中盛放待蒸溶剂和除水试剂(金属钠、氢化钙或五氧化二磷等。卤代物不得用金属钠、金属钾处理,否则会引起爆炸等事故!);下面是加热装置,用以提供热源;上面的溶剂收集器用来盛放回流冷却的无水溶剂。回流双层冷凝管用以冷却溶剂蒸气。为了避免和外界空气接触,需要用氮气保护气形成一个完整的气路,如图 1-4 所示。

图 1-4　溶剂重蒸装置气路

每个冷凝管的顶端都有一个三通阀,用以同时连通多个装置的气路以隔绝外界空气,达到一条气路多个溶剂重蒸体系的连接,实现对气路的较高利用率。

1. 溶剂重蒸操作流程

(1) 开气、开水

开气让体系形成氮气氛围和正压条件,避免外界空气混入。

开冷凝水,用以冷却溶剂蒸气加以收集。

（2）开加热套

不能加热过快,使得溶剂暴沸发生危险;也不宜太慢,溶剂蒸气上不去影响效率。因此需要调整适宜的加热速率,且加热过程中,需要有人看护。

（3）回流

回流的目的是形成稳定的回流环境,确保重蒸溶剂的无水程度高。

（4）接收溶剂

回流适宜时间后,将下口的三通阀关闭,开始接收溶剂,接收的量不宜超过当天用的量。接到适宜的量后停止加热。

（5）关水再关气

停止加热后,待体系自然冷却后关闭水龙头,待圆底烧瓶冷至室温时再关闭气路。

2. 注意事项

一般待处理溶剂需进行预干燥,通常使用氯化钙等干燥剂干燥数小时至数日。

（1）通常需要先在溶剂中加入干燥剂进行预处理,除去溶剂中的水,再进行重蒸。干燥剂根据待处理试剂种类及无水程度的需求,可以用金属钠、氢化钙或五氧化二磷等。使用一段时间后的干燥剂,活性降低,需要取出后更换新的干燥剂。此时旧的干燥剂可能还具有一定活性,需要统一回收处理,不能随意丢弃,特别是用过的金属钠,处理时需格外小心。

（2）干燥剂选取的原则:被干燥物与干燥剂之间不发生化学反应,不形成加合物。卤代烷烃（如二氯甲烷）不能使用金属钠进行预处理,因为二者会发生剧烈的偶联反应,可使用氢化钙作为干燥剂。

（3）加热前一定要记得开水、开气，二者缺一不可。气流要以每秒 2～3 泡为宜。加热时必须有人值守。

（4）应等圆底烧瓶降至室温时补加溶剂，同时避免蒸干。溶剂总量不能超过容器体积的 2/3，以免回流时空间过小而发生危险。

（5）不可在体系还热的时候关闭气路，这样极易引起倒吸，导致空气进入致水分过高。气路及循环水所用的胶管，要定期检查更换，以免泄漏。

（6）溶剂重蒸装置一般为实验室内的公用设施，需要有使用记录，操作完毕后及时登记。切记溶剂不可蒸干！不建议使用气球代替气路作保护。

1.4　实验尾气的处理

为防止实验过程中产生的强酸、强碱、强腐蚀性、刺激性等气体造成环境污染或人身伤害，进行此类实验时须安装尾气吸收装置，见图 1-5。

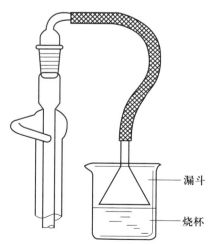

图 1-5　尾气吸收装置（倒置漏斗式）

操作者应戴厚质的橡胶手套以及面罩或防毒面具,并确保全过程在通风柜中完成。

旋蒸尾气应尽可能导入带活性炭吸收装置的通风柜内。如果选用隔膜泵配合旋转蒸发仪,考虑到不少隔膜泵单位时间抽气量大,从而有不少低沸点的有机溶剂来不及冷凝。为了避免有机溶剂被吹入通风柜雾化,碰上明火或电火花引起爆燃或着火,建议有条件的实验室利用冷阱或自制活性炭吸附箱对尾气进行妥善处理后排放。

操作过程中产生具有刺激性气味气体(如乙硫醇、氨水、吲哚、硫化氢、精胺、腐胺等)的反应,在实验结束后,首先应将产生的废液和反应容器除味后再进行下一步处理。比如巯基乙醇可以用氧化剂,如稀的次氯酸钠、过氧乙酸等除味。含酚废液可加入次氯酸钠或漂白粉煮 5 min。硫醚用双氧水处理,异氰用稀盐酸处理。处理后的废液倒入相应废液瓶内,做好登记,贴好标签直接提交。

1.5　碱缸的使用

碱缸是实验室中常用的装置,通常用来浸泡及清洗玻璃仪器。碱缸液的主要成分为乙醇和浓氢氧化钠,具有较强的腐蚀性。

1. 碱缸液配制方法

(1) 配制前应首先做好个人防护,穿着实验服,佩戴护目镜、口罩及可防酸碱的橡胶手套,减少暴露于实验室环境的皮肤量。

(2) 准备一个带盖子的塑料桶或塑料箱作为容器,先向其中加入约 1 L 水,之后分批加入 1 kg 氢氧化钠,搅拌使其溶解。

溶解过程中会放出大量的热,需待前一批固体完全溶解且体系温度恢复室温之后再加入下一批氢氧化钠。

（3）配制好水溶液之后,向容器中加入 5 L 左右的乙醇(工业乙醇即可),用长玻璃棒搅拌至体系澄清。容器大小可根据水、碱及乙醇的量进行调整,总体积约占容器容积的一半为宜。使用一段时间后,若发现碱液量减少,可向容器中补加适量的乙醇。

（4）长期使用后,碱缸液清洁能力下降,需定期更换。根据使用频率,可每半年或一年更换一次。碱缸内的液体需按照一般有机废液回收处理并在回收时注明含有强碱,不可随意倒入下水道。

2. 使用碱缸注意事项

（1）浸泡入碱缸的仪器应该进行初步的清洗,仪器不应沾有酸性物质,或其他能与碱、水及乙醇反应的试剂(如未处理的氢化钙、五氧化二磷、活泼金属等干燥剂),以免不同仪器沾染的试剂相互反应,同时也可延长碱缸的使用时间。

（2）放入或取出仪器时,应做好个人防护,包括实验服、防护眼镜、口罩以及防酸碱的橡胶手套。必要时,手套可以双层防护,在橡胶手套内再加戴一次性手套。建议使用钳子夹出玻璃仪器,可将取出的玻璃仪器先放到 1 mol/L 的稀盐酸溶液中,浸泡片刻,然后再用清水及去离子水冲洗。

（3）待清洗的玻璃仪器需浸没在碱液以下,让容器内壁与碱液充分接触,同时应轻拿轻放以免仪器破碎或碱液溅出。

（4）带有磨口塞、活塞等的玻璃仪器,需先将塞子取下,再放入碱缸中分开浸泡。

（5）玻璃仪器浸泡的时间根据其清洁难易程度决定,通常浸泡数小时即可。避免在碱缸内放置过长时间,一般不超过

24 h,否则玻璃强度下降、容易破损,而且不利于后期清洗。

（6）以上碱缸不建议在溶剂多的有机化学实验室使用。有机化学实验室尽量用乙醇含量不大于 50％的乙醇氢氧化钠溶液。

（7）碱缸外面再套一只新桶,并经常检查桶有没有老化,若老化应及时更换。

1.6 实验室激光安全与防护

激光具有高能量、单色、单向的特点,波谱的范围可以覆盖紫外-可见-红外区域。按发射形式分为连续激光和脉冲激光。

在使用激光器以及进行激光实验的过程中,对人可能造成的伤害主要是激光对人眼以及皮肤的烧伤,还包括特定激光器的高压或低温配套系统导致的伤害、激光器附近易燃物或相关电路导致的潜在火灾隐患。

1. 激光产品的分类

激光对人体造成的潜在危害取决于激光波长和功率。一般按照激光可造成的危害程度将激光产品划分为 1～4 四个等级。国际电工委员会标准（IEC 60825－1:2014）将激光产品划分为 1、1M、1C、2、2M、3R、3B、4 八个细分等级,美国国家标准化组织（ANSI）标准（ANSI Z136.1）将激光产品划分为 1、2、2a、3a、3b、4 六个细分等级,我国的国家标准（GB 7247.1－2001）将激光产品划分为以下四个等级:

1 级激光:多指红外或近红外激光,辐射功率通常限制在 1 mW。这类激光在合理可预见的工作条件下是安全的,不会产生有害的辐射,也不会引起火灾。

2 级激光:波长 400～700 nm 的连续或脉冲可见光辐射,辐射功率一般较低,连续光的辐射功率通常限制在 1 mW。这类激光产品通常可由包括眨眼反射在内的回避反应提供眼睛保护。

3 级激光:分为 3a 级和 3b 级。3a 级激光为可见或不可见激光,可见激光输出功率限制在 2 级激光输出功率的 5 倍,即 5 mW;不可见激光输出功率限制在 1 级激光的 5 倍。3b 级激光规定连续激光的输出功率大于 500 mW,对脉冲激光的单脉冲能量规定在 30~150 mJ(与波长相关);3b 级激光对眼睛和皮肤会造成伤害,该激光的漫反射光也会对眼睛造成伤害。

4 级激光:平均功率超过 500 mW 的连续或脉冲激光归为此级,单脉冲输出的激光能量在 30~150 mJ(依波长而变)。激光可以使人的眼睛或皮肤瞬间内受到伤害,漫反射光对眼睛或皮肤一样具有很强的危害性。4 级激光有使可燃物燃烧的可能,一般激光功率密度达到 $2 \ W/cm^2$ 时就会有引发火灾的可能。

1 级或 2 级激光产品通常供演示、显示或娱乐之用,也常用在测绘、准直及调平等场合;3 级或 4 级激光产品通常应用在科研实验、工程研究、激光雕刻、激光焊接、激光切割加工等需要高能量激光辐射的领域。

2. 激光防护标准

激光可对皮肤造成灼伤。激光被皮肤组织吸收转化成热,导致局部温度升高,引起组织蛋白质的变性。皮肤受到伤害的程度取决于激光的波长、照射的时间和皮肤色素沉着程度等因素。某些特定的紫外波长(290~320 nm)甚至会导致皮肤癌。

1 级激光:不需要任何的安全防护。

2 级激光:严禁长时间注视激光光源,严禁眼睛直视激光。

3 级激光:所有在 2 级激光系统中列出的标准同样适用于 3 级激光。只允许经过培训的人员操作激光器,并用警示标识指示出激光器的工作状态。激光器应该牢固固定,确保光束只沿着预定的路径传播,并使用挡板及光学元件使光路封闭。

禁止使用反射物品检查光路。使用衰减器、起偏器和光学滤波片等光学元件调节光路之前,应把激光功率降低。使用显微镜时,禁止通过显微镜目镜用眼睛观察激光,应通过相机成像观察激光位置。在存在直射或反射光对人眼造成潜在威胁的情况下,务必使用护目镜。

4 级激光:所有在 3 级激光系统中列出的标准同样适用于 4 级激光。除此之外,还需注意以下事项。必须佩戴合适的护目镜。在局部的封闭空间内操作激光,墙壁及天花板应使用漫反射材料。光学支座应使用漫反射的耐火材料。在可能的情况下,操作监视设备或其他监视装置应该选择遥控装置。设置自锁闭机构,当实验室门打开时,自动阻挡或关闭激光发射。

3. 激光安全操作规程

(1)必须张贴激光警示标志,标明激光等级。必须经过培训才能使用激光器。

(2)在打开激光器之前,检查安全装置是否处于正常状态,包括不透明挡板、非反射防火表面、护目镜以及通风设备等。

(3)使用激光之前,摘下任何首饰、手表等,以避免无意间对激光的反射。

(4)在激光调试和激光操作过程中佩戴合适的护目镜。

(5)激光调试程序必须在最低的工作功率下进行。不要让使用中的激光器处于无人看管的状态。

(6)使用结束后,及时关闭激光器。

1.7　低温液体

常见的低温液体有液氧、液氮、液氩等,常压下,三种低温液体的沸点分别为:−183 ℃,−196 ℃,−186 ℃。当低温液体与皮肤、眼睛接触时会引起冻伤,且低温液体气化时,体积迅速膨胀,在密闭体系中,因液体气化使压力升高,易引起容器超压危险。此外,大量低温惰性液体如液氮、液氦气化,造成环境中氧气浓度降低,容易造成窒息。在化学实验室中,一些大型仪器(如核磁共振波谱仪、透射电子显微镜等)或低温反应,都需要用到低温液体。只有熟悉它们的基本性质及正确使用方法,才能更好地保证操作者的安全。这里以实验室中最常见的液氮为例,介绍一下其储存及使用注意事项。

实验室用的少量低温液体一般储存于小型液氮罐中,容积较小(小于 40 L),为常压储存。其内胆和外壁之间填充有绝热材料并抽真空,罐口用绝热发泡材料做成的圆柱形瓶塞封住(图1-6)。

此外,要求低温环境的仪器通常需要大量的液氮降温,此时小型液氮罐无法满足使用需求,一般使用自增压液氮罐,见图1-7。这类液氮罐通常使用防撞击能力较强的白钢制造,罐体结构与小型液氮罐基本一致,但体积较大。自增压液氮罐内部有自增压系统,通过罐上的阀门调节,可以将部分液氮气化,增大内部压强,达到长时间稳定提供大量液氮的目的。

在液氮的使用方面,除少数实验如低温保存生物样品,多数实验需要将液氮从液氮罐取出使用。取出的液氮可以使用杜瓦瓶、保温瓶以及保温杯等具有良好隔热性能的容器进行盛放,再将实验所需冷冻的样品置于液氮中降温冷却。使用时,需注意以下事项:

瓶塞 —— 提手

铝合金 —— 颈管
外壳

铝合金 —— 提桶
内胆

固定支架 ——

图1-6

图 1-6　小型液氮罐的外形与结构

（1）液氮使用时应穿戴低温防护手套,佩戴防护眼镜或面罩等防护用品,操作者避免距离出口过近,以防止低温冻伤。

（2）在长期使用和储存液氮的房间内,要保持良好通风,避免空间缺氧导致窒息,可加装氧气报警器。

（3）实验室液氮罐为常压储存设备,不能堵塞液氮罐盖塞与液氮罐之间的缝隙,防止压力过大。

（4）灌装液氮前,检查液氮罐外壳有无凹陷或破损,真空排气口是否完好。灌装后,观察液氮罐外壁是否有霜。若外壁有霜,说明液氮罐绝热性能变差,则应更换液氮罐。

图1-7

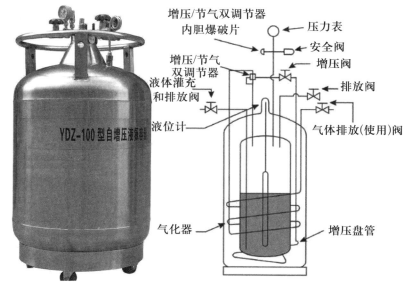

图 1-7　自增压液氮罐（低温液体）

（5）灌装液氮时，对于内部处于无液氮状态的空罐，一定要缓慢填充并进行预冷，防止降温过快损坏内胆。填充时不要将液氮倒在真空排气口上，以免导致真空度降低。

（6）将液氮从液氮罐倒入杜瓦瓶中时，要缓慢倾倒，防止液氮因剧烈蒸发而飞溅到皮肤上，造成冻伤。

（7）需要戴厚手套后方能接触刚经过液氮冷冻的样品或容器。例如在进行冻抽封管操作时，接触冷冻试管的手务必佩戴双层棉线手套。

（8）液氮罐应保持竖直放置，避免周围有热源，不能放在阳台等受到阳光直射的地方。液氮罐移动时要轻搬轻放，长距离移动液氮罐建议使用手推车。

1.8　封管

氢气和氧气通过不同气路接到氢氧火焰枪上(图 1-8),以氢气为燃料、以氧气助燃,可以调节氢气和氧气的比例成氢氧混合气,从而实现不同性质的氢氧焰。

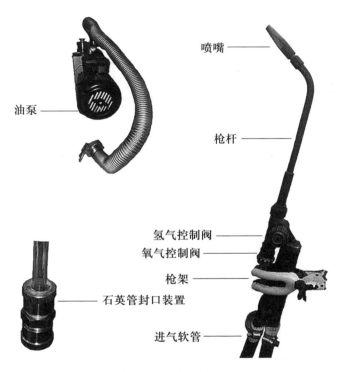

油泵

喷嘴

枪杆

氢气控制阀

氧气控制阀

枪架

石英管封口装置

进气软管

图 1-8　火焰枪构造

氢氧焰是一种无碳火焰,燃烧时产生洁净的水汽,其温度可高达 2500~3000 ℃,可以熔融石英[熔点在 1650(±75)℃],并且氢氧焰不会使融化石英中混入炭、金属等杂质。

1. 操作方法

（1）将装好样品的石英管用封口装置固定好，打开油泵开关，抽真空。

（2）打开氧气瓶总阀，调节分阀至 0.06 MPa 左右，打开氢气瓶总阀，调节分阀至 0.1 MPa 左右，准备点火。使用前务必熟练开关方向和调节大小的方法。

（3）通过氢气和氧气控制阀调节出气量、火焰长短。先打开小流量氢气，点火，再打开氧气，正确调节大小，逐渐调节两者比例至火焰呈蓝紫色状态。

（4）火焰对准石英管，使得石英管熔断。

（5）封完管后先关闭氧气控制阀，再关闭氢气控制阀，即熄灭火焰。

（6）实验结束后关闭两个气瓶，然后打开火焰枪控制阀放干净气路中的剩余气体，再关闭控制阀，关闭油泵，残余石英管丢入玻璃回收箱中。

2. 操作注意事项

（1）氢气是高压储存在气瓶中的，一旦回火，将出现爆炸。确保管路上安装了回火阻止器，不清楚的必须询问导师。

（2）抽真空前要确认石英管外径套入封口装置处的 O 形圈内，即转动石英管能感受到阻力，这样才能保证真空体系密闭性。

（3）熟悉气瓶减压阀与总阀的开关方向，火焰枪氢气和氧气控制阀的开关方向并经常检查是否漏气。

（4）每次封完一根石英管后及时关闭控制阀，即熄灭氢氧焰，换好下一根管抽好真空后，再重新点火，时刻注意火焰朝向无易燃品和无人方向。使用完毕后确认火焰枪的氢气、氧气控制阀和两个气瓶的总阀和分阀是否关闭。

（5）经常检查氢气、氧气管路气密性。

（6）使用中不得少于两人。

1.9 双排管

双排管也称史兰克线（Schlenk line），是实验室常用的提供惰性气体环境和真空保护的玻璃仪器，由德国化学家 Wilhelm Johann Schlenk 发明。它的核心部件是带有多个通气接口的玻璃双排管，其中一根双排管连接惰性气体，另一根连接真空泵提供真空环境，两种气氛通过多个阀门接口进行切换。

1. 双排管的结构

经典的双排管结构如图 1-9 所示。主体部分为玻璃双排管，两根平行的玻璃管由多个阀门相连接。惰性气体管路通常由惰性气体（一般使用 N_2 或 Ar）进气端、玻璃管路、鼓泡器、出气端组成。有特殊需求时，还会在进气端前加接气体干燥、脱氧等装置。鼓泡器中可用液体石蜡，一方面可以实时监测惰性气体通入速率，另一方面形成液封，隔绝体系与大气。

真空管路由封闭端（一般为塞子，方便拆卸清洗）、玻璃管路、冷阱、杜瓦瓶、真空规、真空泵组成。冷阱主要用于防止挥发性或腐蚀性溶剂蒸发进入泵内从而缩短真空泵寿命，一般浸泡于装有液氮（用于高挥发性的有机溶剂，优点是能保证冷凝绝大部分挥发性物质；缺点是液氮挥发较快，需要及时补充）或者干冰/异丙醇混合物（用于高沸点有机溶剂及不含腐蚀性挥发气体的水相体系，优点是维持温度的时间较长；缺点是对于高挥发性的物质冷凝效果较差）冷浴的杜瓦瓶中，可将体系中抽出的挥发性溶剂或试剂冷凝，避免进入真空泵。

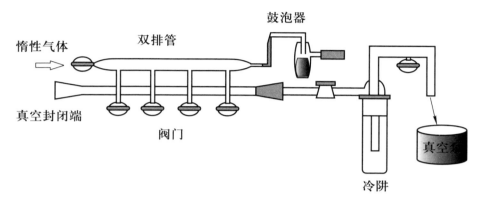

图 1-9　双排管装置示意图

（图片来自网络）

2. 双排管的开启

（1）检查管路连接是否准确，所有阀门是否处于关闭状态，管路是否有裂痕。注意转动困难或干涩的阀门，应及时涂抹真空脂，真空脂涂抹不可过多，以免堵塞通路，转动后在接口处表面有薄薄、连续清晰的膜层即可。

（2）打开惰性气体进气口阀门，观察鼓泡器处的气泡速率，调整速率适中，并吹扫管路适当时间。吹扫完成后关闭阀门（要保证鼓泡器的液封，如果关闭进气口阀门后出现倒吸趋势，应稍稍打开阀门，以维持液体石蜡的液封，即体系正压）。

（3）安装冷阱。确保冷阱干燥洁净，在接口顶端涂抹适当真空脂，旋转使之与对应磨口密闭，在接口处形成连续清晰的薄膜。如果冷阱是法兰接口，则要预先安装密封橡胶圈（法兰垫）在接口处，套上螺栓后拧紧，注意不可拧得过紧，一般准则是先一次拧到紧，停下后接着再用力最多拧 1/4 圈。

（4）开启真空泵。观察真空规达到稳定合理的示数，在杜瓦瓶中加入适量液氮(注意戴手套防止冻伤),慢慢浸没冷阱,固定后用毛巾封口,减缓液氮挥发。观察真空规示数,判断真空系统是否有漏气。液氮应及时添加,防止挥发完。干冰/异丙醇加入方法类似,一般先倒入异丙醇(杜瓦瓶体积的 1/4 左右),然后分少量多次加入小块干冰直到有相当量干冰存在且冷浴不再沸腾,加的时候要根据沸腾情况(二氧化碳)来调整加入速度,防止溢出。

3. 双排管的关闭

(1) 关闭真空泵并迅速取下杜瓦瓶。

(2) 真空管通大气,并关闭惰性气体进气阀门。

(3) 等到体系回到室温后再拆卸冷阱,取下的冷阱放置在通风柜内,待溶剂完全解冻后清洗。

4. 双排管使用的安全须知

(1) 使用前务必确认管路、容器等无裂痕。双排管应在通风柜中使用,不可长期开启。避免气体气流过大,导致压力过大发生事故,特别是使用可燃气体时。

(2) 因冷阱可将氧气液化形成液氧,液氧一方面可与抽入冷阱内的有机物发生剧烈反应,另一方面,在撤掉液氮时可迅速气化膨胀发生爆炸。因此,真空系统严禁向外部体系敞开!当拆卸冷阱时发现有蓝色液体,应立即拉下通风柜门,关闭实验室电源,同时通知实验室其他师生撤离实验室,并向安全人员求助。

(3) 无水无氧操作线中所用胶管宜采用厚壁橡皮管,以防抽换气时橡皮管瘪掉,或有空气渗入。橡皮管使用一段时间后连接处可能会裂开,此时可以剪去开裂的头部继续使用。

(4) 由于双排管容易破碎的特性,一般很少清洗双排管,这就要求在使用时尽量小心不要污染管路。若双排管使用时间较久确需清洗，一定要先拆下各个组分零件后（并标记好），再将整根双排管进行清洗。清洗时严禁使用碱液浸泡（碱液清洗玻璃的原理是腐蚀一层表面，而双排管的耐压性与其厚度息息相关），用水和丙酮冲洗后（如有少量真空脂残余，可以使用少量石油醚清洗相应部位），如还有痕迹，可以使用少量浓硝酸清洗。如使用刷子等物理清洗法，一定要用软毛刷，并防止剐蹭双排管内壁。双排管清洗完毕后，要平放在软的垫子上在空气中晾干，并尽快重新安装或者妥善保存。安装时应根据标记安装到对应位置，确保管路的气密性。

5. 双排管的用途

双排管被广泛使用于对空气敏感或需要真空环境的反应或操作中。例如为反应体系提供惰性气体环境（或其他临时需要的气体环境，如氢气、二氧化碳等，但非惰性气体的使用仅限单次操作，操作完后要关闭进气阀门，拆除气体钢瓶，排空体系内残余气体），除去反应容器中的少量溶剂、水、空气等，进行溶剂转移等等。双排管的使用需要经过认真学习和培训，新手初次使用务必首先阅读此双排管操作指南，并由经验丰富的老师或学生培训后，在其陪同下进行操作。任何涉及双排管的新实验操作都要进行学习和培训以及在有经验的老师和同学陪同下操作。

下面以简单的"冻抽循环"（"freeze-pump-thaw"）为例，介绍双排管的使用。目的是除去体系（含溶剂）内的空气，并以惰性气体保护。具体步骤是：

（1）将反应瓶通过胶管与双排管相连，使用液氮或干冰/异丙醇冷浴将溶剂冻住（溶剂的体积不能超过反应瓶容积的 2/3，冷却时应自下而上逐步冷却，以防止瓶内液体凝固时体积增大而撑裂反应瓶)。选择液氮或干冰/异丙醇的原则是根据溶剂的凝固温度,如果凝固点高于-30 ℃(243 K),可以使用干冰/异丙醇冷浴,低于此温度时使用液氮。例如,苯或氘代苯使用干冰/异丙醇冷浴,而氯仿或氘代氯仿则需要使用液氮。原则是能使用干冰/异丙醇冷浴(-78 ℃,195 K)就使用之,因为液氮温度太低,致使冻抽或解冻过程中温差过大,可能引发反应瓶破裂等事故。确定溶剂完全凝固后,打开阀门通向真空管,对体系抽真空,使真空度降低到恒定示数并保持 1 min。

(2)关闭阀门,将反应瓶从冷浴中取出。如果是液氮冷浴,需先在空气中放置片刻,待结成一层冰霜后再将反应瓶放入室温的水中进行解冻,解冻时如水温过低,要及时更换室温水;如果是干冰/异丙醇冷浴,则可以直接将反应瓶放入室温水中进行解冻,待水温降低后,可以更换为温水(40 ℃或以下)以加快解冻速度。

(3)待溶剂完全解冻后,擦干反应瓶外的水,缓慢将反应瓶再次放入冷浴中,重复冻-抽过程,一般进行三次。最后一次完全解冻后向体系内通惰性气体(氮气或者氩气)保存,切记不可长时间在负压(真空)下保存溶剂在反应瓶中,以免发生破裂。

1.10　化学气相沉积(CVD)

化学气相沉积(chemical vapor deposition,CVD)是指气态物质在气相或气/固界面发生化学反应生长固态物质的过程。一般通过高温使得气体反应物发生裂解,经过成核、生长等化学过程,生成熔点高于反应温度的固态物质,是一种无机材料合成的常用方法。由于 CVD 反应通常用到可燃气体以及较高温度,操作者需要重点注意操作规范和实验安全。

1. 使用前的系统检查

CVD 系统主要包括四个部分,即气体供给系统、气体输送系统、加热系统以及尾气排放系统。按照 CVD 系统的组成,使用前的相应检查包括:

(1) 气体供给系统:确认使用气体的种类、钢瓶中气体的剩余量(通过减压阀判断)以及钢瓶是否妥善固定。

(2) 气体输送系统:主要检查气体管路是否漏气,流量计及控制器的工作状态是否正常,以及各个阀门的开关状态。如果发生气体泄漏,通过气路标签判断对应的气体钢瓶,第一时间关闭钢瓶阀门。

(3) 加热系统:检查管式加热炉,包括加热电阻丝、温度控制仪等。一般可以通过管式加热炉的操作面板进行识别。同时,还应检查即将使用的石英管是否存在裂纹等安全隐患,防止在加热过程中产生爆裂。建议管式炉在工作中加上挡板。

(4) 尾气排放系统:保持尾气气路的通畅、尾气排放的合理处理以及机械泵的正常工作。对于不存在有毒废气的系统,可以将气体直接向室外排放;涉及有毒气体排放时,务必先经过处理,废气达到排放标准后才能通向室外。切记尾气不能直接排放在室内。易燃易爆的气体出口尤其要小心,做好安全评估且应有相应的防护措施。

2. CVD 系统的使用与操作

(1) 明确相应的实验目标,提前做好实验规划。

(2) 按照实验规划,确定使用气体的时间。如果加热开始前就使用气体,就要提前对系统进行密闭处理;如果是在加热后使用,那么在通入气体前几分钟也应先对系统进行密闭处理。

(3) 加热系统应该按照实验计划进行程序设定,一定要设定相应的报警温度,此温度通常比目标温度高 10 ℃ 以内。加热的目标温度不应超过相应加热系统所允许的加热范围。选择合适的加热速率,一般 CVD 的加热速率不应超过 40 ℃/min,否则会导致电阻丝的损坏。

（4）通入气体。对于常压 CVD 系统,通入可燃性气体前,必须先通入惰性气体（例如,氮气或高纯氩气等）对系统进行排气,除去气路中剩余的氧气,以防爆炸;对于低压 CVD 系统,在实验不受影响的前提下,也应通入惰性气体清洗系统,再通入可燃性气体。

（5）实验结束后,关闭相应的气体阀门。对于易氧化的样品,可以余留少量氢气和惰性气体进行保护,直到温度降至室温时,关闭所有气体,进行取样。

（6）取样结束后,确保所有的气体阀门已经关闭。对于取样端,也应尽量进行密闭处理以保证系统的洁净程度。当天实验结束后,应再对系统进行检查,保证安全后,关闭相应的电源。

3. 注意事项及应急处理

（1）禁止过夜进行 CVD 系统操作。

（2）利用 CVD 系统生长样品或处理样品时,必须有人值守。

（3）使用有毒有害气体时,应做好防护措施,保证至少两人在场的前提下进行操作。

（4）保证 CVD 系统操作环境的空气流通。

（5）气体泄漏时,应先保证个人安全,在此前提下,首先切断气体的来源,包括关闭钢瓶阀门、流量计等。

（6）气体发生泄漏后,在确保安全的情况下,应尽快对系统进行检查,排除隐患。

（7）如果石英管发生炸裂,在确保安全的情况下,关闭气体阀门,关闭电源,最后进行系统检查,排除隐患。

1.11 钯碳催化剂

钯碳催化剂是把金属钯粉负载到活性炭上制成的。由于钯粉颗粒细小,比表面积很大,在空气中易与氧气发生氧化反应放热,当热量积累到一定程度,就会发生钯颗粒与活性炭颗粒一起燃烧。操作钯碳催化剂时应注意以下几点:

(1)使用钯碳催化剂时应遵循按需领用的原则,用多少取多少。建议提前分装成小包装做好标记或购买小包装,避免一次取用过多或开瓶后余下部分失效造成浪费。临时存放须用氮气保护以防自燃。

(2)实验室里用钯碳催化剂进行催化氢化前,必须仔细检查所用仪器、容器和气袋均完好可靠。

(3)向容器中投入溶剂和底物,搅拌溶解后,用氮气反复置换使体系完全处于无氧的惰性气氛中,再快速在氮气正压小气流下加入催化剂。如操作不熟练,容易发生催化剂自燃并引燃溶剂。

(4)中途取样时用充满氮气的注射器抽取适量,尽量不打开体系,以免氧气扩散到体系内导致催化剂失活。

(5)反应完毕,处理最终反应体系的钯碳催化剂时,应确保让反应体系时刻处于惰性气氛中。抽滤的滤饼和滤纸一并用乙醇或水液封,并尽快回收,不得丢入垃圾桶以免引起自燃。

1.12 玻璃仪器

玻璃仪器具有透明度好,便于观察反应情况和控制反应条件,化学稳定性好,耐腐蚀,耐热性能优良,对温度的急剧变化耐受性高,以及绝缘性好、易清洁、可反复使用等特点,在实验中广泛使用。

玻璃仪器按照玻璃的种类可分为特硬玻璃、硬质玻璃、普通玻璃和量器玻璃四种。特硬玻璃和硬质玻璃含有较高的酸性氧化物成分,属于高硼硅酸盐玻璃一类,其耐热急变温差大,比较耐骤冷骤热,受热不容易炸裂。玻璃仪器按照用途和结构特征可分为烧器类、皿管类、瓶斗类、量器类、真空玻璃类等。

1. 使用玻璃仪器的注意事项

(1)使用前,请仔细检查玻璃仪器有无裂纹破损,有异常不要使用。

(2)不能用玻璃仪器进行含有氢氟酸的实验。

(3)磨口尽量避免与碱液接触,若有接触,应事先在磨口处涂一薄层润滑油,用后要立即洗净,或者磨口处可用聚四氟乙烯材质套。磨口仪器要注意磨口处清洁,不得沾有固体物质,否则导致结合不密。

(4)不要将玻璃仪器放在实验台的边缘,以免碰倒或掉在地上后破碎。破损的玻璃仪器或器皿请勿使用,应放入碎玻璃专用回收箱内并及时提交。

(5)存放易挥发溶剂的玻璃仪器不能敞口放置,及时盖上盖子或者用封口膜临时封存。

2. 几种常见玻璃仪器的使用要点

(1)分液漏斗的下端口在震荡时请勿冲人。厚玻璃器皿(如非高硼硅玻璃的抽滤瓶)耐热性差,不能加热。锥形瓶和平底烧瓶不能减压操作。广口容器(如烧杯)不宜存放有机溶剂。量筒和容量瓶等计量容器不能直接加热。

(2)将玻璃管或温度计插入橡皮塞或软木塞时,容易折断而受伤,为此,操作时可在玻璃管上蘸点水或甘油等作为润滑剂。然后左手拿着塞子,右手拿着玻璃管,边旋转边慢慢地把玻璃管插入塞子中,此时右手拇指和左手拇指之间的距离不要超过 5 cm,而且最好用毛巾保护着手。现多使用温度计套管(图1-10)来替代橡皮塞用于蒸馏装置中,但要留意温度计和套管是否匹配,蓝色帽内的橡胶垫是否合适。

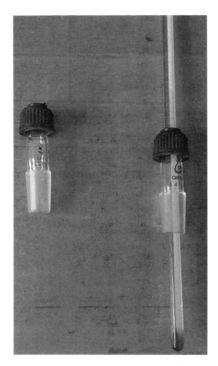

图 1-10　磨口温度计套管

3. 玻璃仪器的清洗和干燥

(1) 玻璃仪器必须保持干净,仪器使用后应趁热将磨口连接处打开,立即清洗。一般的玻璃仪器先用自来水冲洗,然后用常规洗剂如洗衣粉或者洗涤剂等刷洗(可利用去污剂的摩擦力将污渍去除),最后用自来水冲洗。洗净的玻璃仪器倒置时,水沿器壁自然流下,均匀湿润,不挂水珠。

(2)用一般的方法难以洗净时,可根据瓶内残留物的性质,用适当的溶液溶解后再洗涤。碱性残留物用稀硫酸或稀盐酸浸泡溶解,酸性残留物用稀氢氧化钠溶液浸泡溶解,不溶于酸、碱的物质可用合适的有机溶剂(如回收的丙酮、乙醚、乙醇和甲苯等)溶解。不能用大量的化学试剂或有机溶剂清洗仪器,以免浪费或残留性质不明的物质,导致发生危险。

(3)精密或难刷的器皿(移液管、容量瓶等)先及时用自来水冲洗,沥干,用洗液浸泡后,再用自来水冲洗,最后用纯水冲洗。

(4)超声波清洗器也是实验室常用的清洗玻璃仪器设备,具有清洗洁净度高、清洗速度快等特点,还能有效清洗焦油状物,可配合洗衣粉或者化学清洗剂使用。

清洗原理是利用超声波发生器所发出的高频振荡信号,通过换能器转换成高频机械振荡而传播到清洗溶液中,超声波在清洗液中疏密相间地向前辐射,使液体流动而产生数以万计的微小气泡,这些气泡在超声波纵向传播形成的负压区形成、生长,而在正压区迅速闭合。在这种被称为"空化"效应的过程中,气泡闭合可形成超过 1000 个大气压的瞬间高压,连续不断产生的高压就像一连串小"爆炸"不断地冲击物体表面,使物体表面及缝隙中的污垢迅速剥落,从而达到物件表面净化的目的。

(5)实验室全自动洗瓶机,采用直接喷淋方式清洗,通过控制器控制,清洗泵在不同时段把不同温度的含有清洗剂的清水经过管路和喷臂密集地喷射在玻璃器皿上。通过水流对玻璃表面的冲刷、清洗剂对残留物的乳化、剥离,使清洗后的器皿光亮如新,在清洗后也可对器皿进行烘干。通过程序化的控制使清洗、干燥、消毒等洗涤步骤自动完成。

（6）玻璃仪器的干燥一般有晾干、烘干和吹干三种方式。对急用仪器的干燥,应先将水沥干,可加入少量 95％ 乙醇或丙酮,使器壁上的水与有机溶剂互溶,回收溶剂后,用吹风机吹干即可使用。此法要求通风好,以防止实验者吸入有害气体。严禁在烘箱内烘烤沾有易燃易爆溶剂的仪器,以防止有机溶剂蒸气燃烧爆炸。

1.13　柱色谱

柱色谱分为干柱色谱和湿柱色谱两种。干柱色谱是将一空柱用吸附剂填满,将要分离的混合物放在柱顶,使溶剂借毛细作用和地心引力向下移动而将色谱展开。湿柱色谱是靠洗脱剂把要分离的各个组分逐个洗脱下来,也称为洗脱色谱。这里主要介绍湿柱色谱。

1. 色谱柱填装

色谱柱的大小,取决于分离物的量和吸附剂的性质,一般的规格是柱的直径为其长度的 $1/10\sim1/4$。

吸附剂必须均匀地填在柱内,没有气泡、没有裂缝,否则将影响洗脱和分离。通常采用糊状填料法,即把柱竖直固定好,关闭下端活塞,底部用少量脱脂棉或玻璃棉轻轻塞紧(也可加入少量洗净干燥的石英砂层),然后加入溶剂到柱体积的 1/4。用一定量的溶剂和吸附剂在锥形瓶内调成糊状,打开柱下端的活塞,让溶剂滴入下方的接收锥形瓶中,把糊状物快速倒入柱中,吸附剂通过溶剂慢慢下沉,进行均匀填料。也可以先将溶剂倒入柱中,打开柱下端的活塞,在不断敲打柱身的情况下,填加固体吸附剂。柱填好后,上面再覆盖 0.3 cm 厚的石英砂。注意自始至终不要使柱内的液面降到吸附剂高度以下,否则将会出现气泡或裂缝。柱顶部 1/4 处一般不填充吸附剂,以便使吸附剂上面始终保持一段液层。

2. 样品配制

把试样溶解在尽可能少量体积的溶剂中,但应该保证样品溶液具有良好的流动性,不宜过稠过黏。溶剂一般选用洗脱剂或极性低于洗脱剂的溶剂。这是较为常用的"湿法上样"的样品配制。有时样品在洗脱剂或更低极性溶剂中的溶解度太小,需要使用极性更强的溶剂溶解,若直接将该样品溶液加到色谱柱中,将严重影响分离效果甚至导致分离完全失败。此时可将样品溶液用适量吸附剂吸附分散后,挥发除去其中溶剂(常采用旋蒸法去除,溶剂量很少时也可在通风柜中放置至溶剂挥发),之后再将干燥的吸附剂-样品加入色谱柱中。此即"干法上样"的样品配制。

3. 上样

(1) 湿法上样:在填装均匀并已平衡好的色谱柱中,打开下端活塞,当洗脱剂液面慢慢下降至与吸附剂上表面平齐时,将吸取了样品溶液的滴管贴近吸附剂上表面处,将溶液沿玻璃壁轻轻滴入色谱柱中。

(2) 干法上样:与湿法上样不同,上样前洗脱剂液面要高于吸附剂上表面一段,其高度可根据样品量估算,一般是保证样品加入后溶剂面略高于样品。将样品分若干小份轻轻加至色谱柱中,使样品在溶剂中分散均匀,沉降后表面平整。

4. 展开及洗脱

样品加入后,打开活塞使色谱柱中的溶液慢慢下降至与吸附剂上表面平齐,关闭活塞,用少量洗脱剂洗涤柱壁上所沾试液,放出后再重复如上步骤 2～3 次。小心加入洗脱剂至足量,开始展开和洗脱。由于不同极性的组分在柱中吸附-解吸能力的不同,因而混合物中的各个组分在柱上会分成不同的色谱带(指有颜色的组分)。逐步洗脱,在色谱柱底端用锥形瓶等按份接收。

5. 样品接收和检测

根据色谱柱大小和样品量确定每份适宜的接收体积(几毫升至几十毫升),通过薄层色谱检测洗脱进程和分离效果,至全部组分或所需组分洗脱完毕后停止洗脱。若洗脱速率较慢,可以在色谱柱顶部适当加压或在色谱柱底部适当减压。注意不宜加压过猛,减压装置需检查是否有漏气。

6. 色谱柱中溶剂的回收

柱色谱使用结束后,色谱柱中的吸附剂吸附了相当量的溶剂,应将之回收(可采用在吸附柱顶端加入自来水以将有机溶剂置换出,或用双链球加压赶出有机溶剂,前一方法更为彻底)。

7. 色谱柱使用注意事项

(1) 柱子需要至少上下两个铁夹固定,保持垂直。

(2) 加入石英砂的目的是使加料时不致把吸附剂冲起,影响分离效果。也可用无水硫酸钠、玻璃毛代替。

(3) 在柱色谱使用结束前都应当保证柱中溶剂不能流干,否则会使柱身干裂且往往无法复原,以致严重影响分离效果甚至导致色谱分离失败。

1.14　插排的使用

2017 年 4 月 14 日,中国插座行业国家新标准 GB 2099.7—2015 第 2~7 部分、GB 2099.3—2015 第 2~5 部分正式实施生效。本次的插座行业国家标准新旧替代已是第三次,相对于之前两次标准替换,这次新国标更加严谨,对安全性进行了全面彻底升级。

新插排(插线板)的国标最明显的变化就是将万用插孔取消,两孔插座和三孔插座完全分开,一共有五个相互独立的插孔,不过二者交错排列在一起,占用面积增大得不多,也不会显著影响插排的整体体积,见图 1-11。

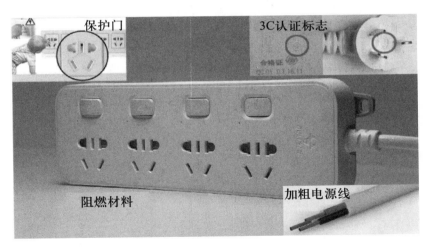

图 1-11　新国标插排详图

移动插座转换器和延长线插座都必须获得强制性产品认证证书,并标注"CCC",也就是"3C"强制认证标志。同时,国标插排必须自带三个插头,有完整的保护。插排的电源插口必须配备防护门,防止儿童以手指或金属物体意外接触而引起电击。

额定电流 10 A 的延长线插座,导线的最小横截面积由原来的 0.75 mm² 提高到 1 mm²;额定 16 A 的则从 1 mm² 提高到 1.5 mm²。加粗电源线内的导线,可以提供更大的耐受上限、更低的负载热量、更高的抗弯折劳损能力。

插座材料阻燃等级有所提升。2017 版插座新国标新增了针焰测试项目,要求针焰明火与插座接触 30 s 后不起燃,或者起燃 30 s 后自动熄灭。这一改变使传统 ABS(丙烯腈-丁二烯-苯乙烯共聚物)材质外壳的插座将不符合新的要求。

正确使用插排注意事项:

(1)不用"万能插座"。选择插排不要贪便宜,不要选购国家禁止生产的"万能插座"。"万能插座"虽然使用方便,但插孔较大,插座接片与电器插头接触面积过小,容易使接触片过热导致火灾,见图 1-12。

新国标插座

万能插座（已被禁止使用）

图 1-12　新国标插座与万能插座对比图

(2)避免过载。插排不能超负荷使用,也不要串接,否则插座会发热,损坏电器甚至引起火灾。

(3)谨慎对待电源线。拔插头时切忌拽电源线,这样容易把电源线与插头连接的部位拽断,从而短路、漏电;电源线不要放在经常有人来往的通道,一旦线路老化或遭外力损伤,易触电伤人;不要将过长的电源线盘卷在一起,长时间会使电线积热,易造成火灾。

(4)切忌改变插头尺寸与形状。当购买的插排上插头的尺寸与原有的插座尺寸规格不同时,说明二者的电压或电流不匹配,不要人为改变插头尺寸或形状而强行插入,也不要随意更换原配的插头。如果实验室中有进口设备,需要使用变压器和与之匹配的插座,避免损坏进口设备和发生漏电等事故。

（5）避免虚接。插头要完全插入插座内,否则接触点小、接线不牢靠,可能导致接触电阻过大而引起火灾。

（6）插排不可放置在实验室地面上,特别要避免放在饮水机或水池附近,以免由于跑水引发短路或触电事故。

（7）插头和插排间不得使用 10 A⇌16 A 转换头。

参考资料

[1]　北京大学化学与分子工程学院有机化学研究所,编. 有机化学实验[M]. 张奇涵,等修订. 第 3 版. 北京:北京大学出版社,2015.

[2]　陈卫华,主编. 实验室安全风险控制与管理[M]. 北京:化学工业出版社,2017.

[3]　陈日升,张贵忠. 激光安全等级与防护[J]. 辐射防护,2007,27(5):314—320.

[4]　MIT 激光安全培训教材(Radiation Protection Program of Massachusetts Institute of Technology:Laser Safety Program)

第 2 章　危险化学品安全使用

2.1　危险化学品的购买、存储和废弃物处置

一般说来,具有易燃、助燃、易爆、毒害、腐蚀和放射性等特性,在一定条件下能引起燃烧、爆炸,和导致人体中毒、烧伤或死亡等事故的化学物品及放射性物品统称为危险化学品。

依据 GB 13690—2009《化学品分类和危险性公示通则》,危险化学品按理化、健康和环境危险的性质共分三大类,28 个小类。

1. 购买

必须通过具有生产、销售许可资质的单位购买危险化学品。剧毒、易制爆等危险化学品购买须经过主管部门审批。

2. 储存

实验室宜有专用于存放危险化学品的空间(储藏室、储藏区、储存柜等),应通风、隔热、避光、安全。有机溶剂储存区应远离热源和火源。易挥发的试剂应确保在通风试剂柜中存放,试剂柜中不能有电源插座或插排。

国家管控的剧毒化学品、易制爆化学品实行"五双"管理,即双人验收、双人保管、双人发货、双把锁、双本账。存储 50 kg 以上的易制爆危险化学品,应当在专用仓库内单独存放。教学、科研、医疗、测试等易制爆危险化学品使用单位存量在 50 kg 以下,可在储存室或者专用储存柜内存放。

化学品包装物上应有符合规定的化学品标签。当化学品由原包装物转移或分装到其他包装物内时,转移或分装后的包装物应及时重新粘贴标识。其他化学品标签脱落、模糊、腐蚀后应及时补上。

试剂瓶内外盖请及时盖好。对不稳定或易形成过氧化物的化学药品要标明内容和危害,妥善保管。需特殊条件储存的危险化学品要采取特殊的措施进行储存。例如,金属钠、钾遇水易起火,故须保存在煤油或液体石蜡中,不能露置于空气中。黄磷或白磷在空气中能自燃,必须保存在盛水玻璃瓶中。

化学品须有序分类存放,切忌混存,有条件的实验室可以配置二次泄漏防护容器,并备好遗撒应急处理包。试剂不得叠放,固体、液体不得混乱放置,装有试剂的试剂瓶不得开口放置。实验台架无挡板不得存放化学试剂。储存柜内应以性质相同的物品为主,对化学性质相互抵触或灭火方法不同的危险品应分开存放,如果包装坚固、封口严密、数量又少的可允许同室或同柜分格存放。

实验室内存放的危险化学品总量原则上不应超过 100 L 或 100 kg(以 50 m² 为标准),其中易燃易爆性化学品的存放总量不应超过 50 L 或 50 kg,且单一包装容器的存放量不应大于 20 L 或 20 kg。

不允许将化学药品用于任何与教学、研究工作无关的事情。使用不熟悉的化学品之前,应查询物质安全说明书(MSDS)。近距离接触危险化学品,必须佩戴防毒口罩、手套和防护眼镜。

3. 危险废物的处理

危险废物(也称废弃危险化学品)的处理可遵循"3R＋1D"安全处理原则:"Rejection"拒绝不安全行为、"Reduction"减少有毒有害物质、"Regeneration(或 Reuse)"循环反复利用和"Disposal"合理分类处置。实验室产生的危险废物不可倒入下水道,应集中后送到专业处理厂进行消纳处理。回收废弃的固体危险化学品一般保存在原试剂瓶内。危险废物应进行分类收集,妥善储存;应使用内外盖,容器外加贴标签,注明废弃物内容和品名;盛装容器应密闭可靠,不易破碎泄漏。

2.2　氰化物

氰化物是指带有氰基(—CN)的化合物,其中的碳原子和氮原子通过叁键相连。氰化物可分为无机氰化物和有机氰化物,如氰化钾、氰化钠、氢氰酸等属于无机氰化物,腈、异腈等属于有机氰化物。

氰化氢(HCN)是一种无色气体,带有淡淡的苦杏仁味。氰化钾和氰化钠是无色晶体,在潮湿的空气中水解产生氢氰酸而具有苦杏仁味。氰化物中毒的途径主要是吸入、吞食和皮肤接触。氰化物的毒性与氰离子(CN⁻)和重金属离子的超强配位能力有关,氰离子与细胞中的三价铁离子结合,使其失去传递氧的能力,进而导致中毒者窒息死亡。氰化物中毒非常迅速,凡能在加热或与酸作用后释放出氰化氢或氰离子的物质大都有剧毒。

对于实验中涉及的反应物、产物或中间产物等,均需要提前查询其 MSDS 信息,了解其危险特性及预防措施后,再进行操作。无机氰化物危害性极大,在实验中应尽量避免使用,如必须使用,则要做好充分的防护。对于氰化物药品的购置和使用,有如下注意事项:

(1)领用剧毒类氰化物时,要严格遵守有关法律法规和相应的规章制度,不可私自购买、借用。遵循双人领取,双人使用,只限当天使用,当天未用完须交回剧毒化学品库房保存。使用剧毒化学品时应做好防护,并在实验记录本上详细记录使用时间、用途、用量等。

（2）使用氰化物时须小心取用，不要在酸性条件下使用。要佩戴好合格的防护用品，包括防护服、防毒口罩、防护眼镜及手套。现场须有强制通风。

（3）手上有伤口时，不得进行含有氰化物的实验。

（4）含有氰化物的废液，先将其调至碱性，再加入次氯酸钠溶液处理。

（5）接触过氰化物的仪器、台面要清理干净。实验后，仔细洗净手、脸，实验服及时换洗。

（6）剧毒化学品废弃物应单独回收并及时进行处理。

2.3　氢氟酸

氢氟酸是一种无色、透明、具有刺激性臭味的液体，能与大多数金属反应生成氢气，达到爆炸极限遇明火发生爆炸。对皮肤有强烈的刺激性和腐蚀性，吸入或摄入会使人体电解质失衡，导致低钙血症和低钠血症。使用氢氟酸时需要做好防护措施，避免与身体接触。操作时需佩戴氟化聚乙烯（PVDF）、天然橡胶等材质的手套，眼部应使用护目镜或者全面式面罩，并在通风柜中进行。

氢氟酸对皮肤有强烈的腐蚀作用。灼伤初期致皮肤潮红，创面苍白、坏死，继而呈紫黑色或灰黑色。深部灼伤或处理不当时，可形成难以愈合的深溃疡，损及骨膜和骨质。眼睛接触高浓度本品，可引起角膜穿孔。因此，不慎沾染到氢氟酸需及时处理。

沾染氢氟酸急救一般以含钙或镁的药物为主，皮肤涂抹葡萄糖酸钙软膏或者浸泡葡萄糖酸钙液体，同时需要及时去医院就诊。

皮肤接触：立即脱去污染的衣着，用大量流动清水冲洗，继续用2‰～5‰碳酸氢钠液冲洗，后用10％氯化钙液湿敷，并立刻就医。

眼睛接触：立即提起眼睑，用大量流动清水或生理盐水、3％碳酸氢钠液、氯化镁液彻底冲洗10～15 min，并立刻就医。

吸入：迅速远离现场至空气新鲜处，保持呼吸道通畅。如呼吸困难，立即给予输氧；如出现呼吸、心跳停止情况，立即进行心肺复苏术，并立刻就医。

误食：用水漱口，给饮牛奶或蛋清，可口服乳酸钙或牛奶混合溶液，并立刻就医。

2.4　丁基锂

丁基锂包括正丁基锂、仲丁基锂和叔丁基锂，碱性极强，比如叔丁基锂 pK_a 值接近53，化学性质非常活泼，与底物反应会相当剧烈。使用这类试剂要特别谨慎，提前做好风险评估和应急预案。

注意：以下规范仅适用于实验室小量实验（如小于1 mmol），量大的实验应在专门的实验室内进行。

1. 准备工作

（1）穿戴防护面罩（没有防护面罩的，至少佩戴防护眼镜）、防护手套、防火实验服，至少两人以上全程在场，非正常上班时间不得实验。

（2）把反应体系周边的一切可燃物质，如各种可燃试剂、废液瓶、废液桶等拿走。

（3）准备好消防器材，包括灭火毯、沙桶和灭火器等，以防万一。

（4）丁基锂试剂若是前人开封使用过的，应仔细检查是否密封严实，底部是否有沉淀等，如已失效，不得使用。

（5）检查针头与注射器是否密封和牢靠，尽可能使用螺口连接的注射器和针头，确保取液和加液全程针头不会从注射器上脱落，确保取液和加液全程不会漏液。针头长短应适当，针头太长，易在操作中折弯；太短，不易伸到丁基锂的液面以下。针头粗细应合适，针头太细易堵，太粗易在丁基锂瓶子的密封盖上和反应瓶的翻口塞上留下较大的孔，影响气密性。因玻璃注射器的内芯和套筒的气密性得不到保证，应避免使用玻璃注射器。

（6）反应全程必须在高纯氮气或高纯氩气（99.99％）（以下称惰性气体，高纯氩气为首选）的保护下进行。实验开始前需要检查气瓶气体存量是否足够使用，管路是否通畅、是否漏气。

（7）反应全程必须在低温下进行，过量和未反应完的丁基锂须在低温下用合适的试剂完全猝灭，严格按照可靠的文献进行。丁基锂的加入速度要严格控制，若天气湿度稍大，被冷冻的瓶子暴露在干冰-丙酮浴液面以上的部分外壁会结很厚的冰霜，妨碍观察反应瓶里反应的快慢。仅凭冷浴气化速度推断反应容易引起判断失误。

（8）提前准备冷浴，特别要注意丙酮在杜瓦瓶中的深度，确保反应全程及添加干冰等环节丙酮不会溢出。注意，一旦溢出的丙酮流淌到搅拌器周边，极易引起着火。

（9）丁基锂应指定专人订购和保管。任何人使用前需接受过专门培训，经导师审批同意后向保管人申请使用，不得自作主张擅自取用。

2. 操作步骤

（1）把盛装丁基锂的瓶子固定在铁架台上，把与鼓泡器并联的惰性气体流速调节到合适的大小。将干燥洁净的针头在氮气气氛下小心插到丁基锂橡皮密封盖以内几毫米,保持在液面以上,不得伸入液面,不要沿着上次的孔插入(如图 2-1 所示)。

图2-1

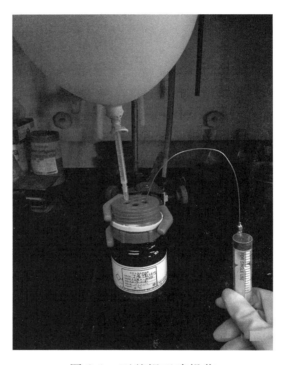

图 2-1　丁基锂正确操作

(2)将取丁基锂的注射器排净空气后,插入一个充有惰性气体的干燥瓶子里缓慢吸入惰性气体,取出排空,再插入吸入惰性气体,再排空,重复至少三次。

(3)将排空空气的注射器插入丁基锂的液面以下,缓慢上移注射器的活塞抽取至预先计算好的丁基锂的毫升数,注射器活塞抽出量不得超过总容积的 3/5,然后将针头从液面下缓慢移上来,适当弯曲针头设法排出注射器内的气泡。注意避免针头脱落。将活塞抽出 1/5 的长度以保证针头中的丁基锂都回到注射器中,针头从丁基锂瓶子抽出以前,应缓慢地往复移动活塞 1/10 的幅度,确保针头内滞留的液体全部收集到注射器中。

（4）吸取好需要的量,一手握紧注射器,另一只手牢固地抓紧针头前端从丁基锂瓶子中安全地抽出来。注意尽力避免吸入空气或者滴出丁基锂,迅速将注射器稳妥地插入反应瓶中,控制好滴加速度。

（5）滴加以后,要注意避免注射器和针头中还有滞留的少量丁基锂,针头从反应体系中拔出以前应反复抽推活塞多次至无残液滞留。

（6）如一次取量不够,则需取一套新的注射器重复以上操作。严禁重复使用同一个注射器移取,以免污染和发生意外。

（7）将无残留丁基锂的注射器插入预先备好的冷水中快速抽水猝灭极微量残留在针头和注射器筒体中的丁基锂,放置一段时间后将注射器筒体和针头分开。针头放入利器盒或洗净烘干供下次使用,筒体可以继续泡在水中。

（8）将丁基锂的针孔用固体石蜡密封、外盖拧紧,用干燥的封口膜将丁基锂试剂瓶瓶口密封好,在瓶外做好可靠的标记,如使用日期、使用人和使用体积等。放回冰箱前用一个大小合适的厚实自封袋封好。

（9）反应结束后严格按照文献进行猝灭处理。严禁未经猝灭把反应液搁置而给自己和他人留下安全隐患。

（10）将消防器材放回原位。

3. 注意事项

（1）应提前查文献根据文献做好丁基锂浓度标定。使用丁基锂时,严禁人少时工作,以免发生意外时无人帮忙处理。

（2）使用丁基锂的反应体系及溶剂等应当严格无水无氧。

（3）丁基锂不要沾到或滴落到可燃物质上,尤其不要滴落到杜瓦瓶的丙酮冷浴里。

（4）取丁基锂的过程中出现针头堵死的原因常有：

① 空气湿度大时针头前方结固体；

② 反口塞的橡皮屑被塞进了针头孔。此时应保持冷静，及时报告妥善处理。

（5）一旦有丁基锂滴落到台面或地上，立即用灭火毯或沙子覆盖。严防滴落到衣服或溶剂中。

（6）用量很大时，推荐直接使用不锈钢导管，通过合适的压力将丁基锂尤其是叔丁基锂转移到反应体系中。用完的丁基锂瓶子放到指定位置做好标记，集中后室外处置。

2.5 硅烷气体及硅烷化试剂

1. 硅烷气体

硅烷被广泛应用于硅基材料的制备，包括甲硅烷（SiH_4）、乙硅烷（Si_2H_6）、丙硅烷（Si_3H_8）以及丁硅烷（Si_4H_{10}）。甲、乙硅烷在常温下为气体，无色有毒，易与空气反应，有非常宽的自发着火范围和极强的燃烧能量，是高危险性的气体。

储存硅烷的气瓶一定要存放于室外，并且要定期检查气体管路。在使用和储藏硅烷气体的区域或其邻近区域应安装硅烷探测器与泄漏报警器，监测器应有内锁，一旦发现问题，立即自动切断硅烷气源。由于硅烷极易与氧气发生反应，在打开任何装有硅烷的系统之前，必须用惰性气体全面清洗系统。对有死角或可能残留硅烷的地方，必须抽真空循环吹扫。

储存硅烷的钢瓶必须有温度升高时的泄放装置。排放的硅烷必须经过严格处理，例如燃烧。如果泄放硅烷时压力过高或者速度过快，会引起滞后性的爆炸。

盛装硅烷的容器如阀门松动漏气,遇空气着火时,应迅速用石棉布包住,将阀门关紧,火即熄灭,不会产生回火。硅烷起火不能用二氧化碳灭火器和泡沫灭火器扑灭,因为二氧化碳灭火器和泡沫中的碱性水溶液能与硅烷发生剧烈反应,不仅不能灭火,反而会发生爆炸。可用干粉灭火器,或用石棉被、石棉布覆盖灭火,同时要迅速关闭阀门。灭火后,如容器温度过高,应用冷水浇淋降温,以防硅烷分解爆炸。

2. 硅烷化试剂

硅烷化试剂(silane blocking agent,SBA),又称硅烷保护剂,被广泛应用于硅基材料的表面改性。硅烷化试剂对水非常敏感,在有水的环境中会自行分解失效。因此,硅烷化试剂一般密封在氮气中保存,打开使用后,再次密封前一定要充进氮气,避免空气中的水分与硅烷化试剂接触而导致试剂失效。

2.6　叠氮化合物

叠氮化合物,是指分子中含有叠氮基团的化合物,可以用R—N$_3$表示。叠氮基团的性质不稳定,在危险化学品分类中,叠氮化合物属于爆炸品,其标识见图 2-2。对于实验中涉及的反应物、产物或中间产物等,均需要提前查询其 MSDS 信息,了解其危险特性及预防措施后,再进行操作。此外,某些叠氮类物质(如叠氮化钠)也属于剧毒管制药品。

对于此类药品的购置和使用,有如下注意事项:

(1) 叠氮化钠不可私自购买、借用,实行"五双管理"。使用时应做好防护,详细记录使用时间、用途、用量等。

(2) 如果有机叠氮化合物满足(碳原子数＋氧原子数)/氮原子数≥3,则该类化合物一般较为稳定,不易爆炸。反之,所含

图 2-2　爆炸品

N_3 占相对分子质量的比重越大,化合物爆炸性越强,操作要格外小心,务必做好防护,戴防爆手套和防爆面具,拉低通风柜门。

（3）避光放置,不要剧烈晃动、撞击和摩擦叠氮化合物。称量叠氮化合物时应使用牛角勺小心取用,不要用金属勺或金属刮刀。

（4）叠氮化合物的溶液在浓缩至干或接近干的状况下,会发生猛烈爆炸,因此不可直接浓缩反应液。溶液状态的叠氮化合物比较稳定,尽量使其保持溶液状态或者含有较多溶剂的潮湿固体状态。如反应需要加热回流,注意冷凝水不能断流,以防溶剂挥发至干而引起爆炸。

（5）避免在一次反应过程中大量使用或制备高爆炸危险性的叠氮化合物,可以选择少量多次进行实验。

（6）带有叠氮基团的产物不要旋蒸,更不能蒸干。中间产物是高危险性叠氮化合物时,可以不将其分离而直接进行后续反应,将其转化得到安全性较高的产物后再进行分离纯化。

（7）带有叠氮基团的产物不可用烘箱或者红外灯烘干。

（8）当体系中含有叠氮化钠时，不能用二氯甲烷作为反应溶剂。否则二者会发生反应，生成爆炸性极强的叠氮甲烷。

（9）所有接触过叠氮化钠的容器以及后处理的水相都要用次氯酸钠溶液处理。先用至少 500 倍过量于叠氮化钠的水进行稀释，并不断搅拌，按照 NaN_3：饱和 $NaClO$ 溶液 ＝ 1 g：10 mL 的比例少量多次处理。

2.7　过氧化物

过氧化物指含有过氧基—O—O—的化合物，分为无机过氧化物和有机过氧化物，在危险化学品分类中属于氧化剂，其标识见图 2-3。

图 2-3　氧化剂

对于实验中涉及的反应物、产物或中间产物等，均需要提前查看熟知其 MSDS 信息，了解其危险特性及预防措施后，再进行操作。实验室常用的无机过氧化物有双氧水、过氧化钠等，常用的有机过氧化物有过氧乙酸、叔丁基过氧化氢等。过氧化物对热、震动、冲击或摩擦极为敏感，易分解产生含氧自由基，同时具有强的氧化性,属于易燃易爆危险品,并且对皮肤、眼睛、黏膜有强烈的刺激性。

对于这类危险品的储存与使用,有如下注意事项:

(1)低温保存,远离火源,存储空间的温度要低于其自加速分解温度。严禁与有机物、酸类、还原剂、易燃物质混存。

(2)部分过氧化物归在易制爆危险化学品目录中,需要单独储存在易制爆柜中,使用时遵循"五双"原则。

(3)使用时严格控制温度,避免摩擦或撞击。实验中要有人值守,注意观察并做好记录。

(4)遇到仪器故障、实验室停电,需及时对反应进行处理,避免局部浓度过高、过热、过氧化物沉积等。

(5)反应后体系中过量的过氧化物可以通过装有氧化铝的色谱柱或其他装置过滤。少量的废液可用硅藻土吸收,量大的固体或浆状过氧化物应回收送到专业厂家处置。

(6)有些物质本身不是过氧化物,但在空气中放置一段时间后,会产生过氧化物杂质,如四氢呋喃、乙醚、异丙基醚等试剂。对于这类化合物,开封后要尽快用完。如果试剂瓶已开封一段时间,再次使用前可用淀粉-碘化钾试纸检测其是否含有过氧化物杂质。如果已经生成了部分过氧化物,可用硫酸亚铁与硫酸氢钠的混合水溶液处理。

(7)过氧化物火灾,有可能导致爆炸。在有防护的情况下,根据过氧化物的种类不同,采取不同的灭火方式,用大量的水或干粉灭火,火场完全冷却前不可靠近。

2.8 piranha 溶液

piranha 溶液,又叫食人鱼刻蚀液,是 30% 过氧化氢和浓硫酸的混合物(体积比 3:7),具有强氧化性,主要用来清洁玻璃或硅片表面的有机物。该混合物可以彻底清除基底上的几乎所有有机物质,而且用它处理过的玻片表面会带羟基,因而高度亲水,可以用于后续修饰。

操作注意事项如下:

(1)配制 piranha 溶液时需要佩戴手套,穿实验服,在通风柜中操作。将过氧化氢(30%,AR)缓慢加入浓硫酸中,体积比3∶7,注意顺序不要加反。

(2)在处理硅片时,piranha 溶液没过硅片即可。等配制好的溶液冷却,按需求在 110 ℃下加热约 20 min 至 2 h。

(3)piranha 溶液不能保存于封闭容器中,也不能长时间保存。

(4)piranha 溶液中切不可加入丙酮等易燃溶剂,否则会发生爆炸。

(5)piranha 溶液的处理:不用的 piranha 溶液应该首先冷却,然后将该溶液置于通风柜中一段时间,保证所有的气体扩散。然后小心地将其加入水中稀释成为稀硫酸,倒入结实的有内外盖的空试剂瓶中贴好标签提交。

2.9　锂电池

锂是自然界中最活跃的金属,容易发生燃烧,因而锂电池(也称锂离子电池,图 2-4)中的许多材料与水接触后,可发生剧烈的化学反应并释放出大量热能导致发热、燃烧甚至会发生爆炸。正确使用时,锂电池是安全可靠的电源,但如果误用或滥用,则可能发生电解液泄漏,甚至爆炸或着火。

1. 操作注意事项

(1)注意锂电池和电器具上"+"和"−"标志,将电池正确装入电器具。如果电池反装,电池有可能被充电或短路,从而导

图2-4

图 2-4　锂电池的种类和应用

致电池过热、泄漏、泄放、破裂、爆炸、着火和人身伤害。

（2）不要使锂电池短路。例如,随意将锂电池放在装有钥匙或硬币的口袋里,电池就可能会发生短路,从而导致泄放、爆炸、着火和人身伤害。

（3）不要使用锂电池强制放电。当锂电池被外电源强制放电时,电池电压将被强制降至设计值以下,可能导致泄漏、泄放、爆炸、着火和人身伤害。

（4）不要将新旧、不同型号或品牌的锂电池混用。更换电池时,要用同一品牌、同一型号的新电池,同时更换全部电池。不同品牌、不同型号的电池或新旧电池混用时,由于存在电压或容量的差异,可能会使某些电池过放电或强制放电,从而导致泄漏、泄放、爆炸、着火和人身伤害。

（5）应立即从电器具中取出耗尽电能的锂电池并妥善处理。如果放电的电池长时间留在电器具中,有可能发生电解质泄漏,导致电器具的损坏和人身伤害。

（6）不要使锂电池过热。电池过热,可能会导致泄漏、泄放、爆炸、着火和人身伤害。

2. 锂电池的回收

在使用锂电池的时候一定要注意防水、防潮。在各种主机停用后,应取下锂电池置于干燥、低温处妥善保管,以避免因锂电池使用不当而引起火灾事故。此外,各大锂电池生产厂家都有锂电池回收板块,可以采取以旧换新等方式将锂电池进行回收处理,切勿私自拆开和丢弃。锂电池被厂家回收后,可以回收电池里面的贵金属,如 Ni、Co、Mn 等,具体回收流程如图 2-5 所示。

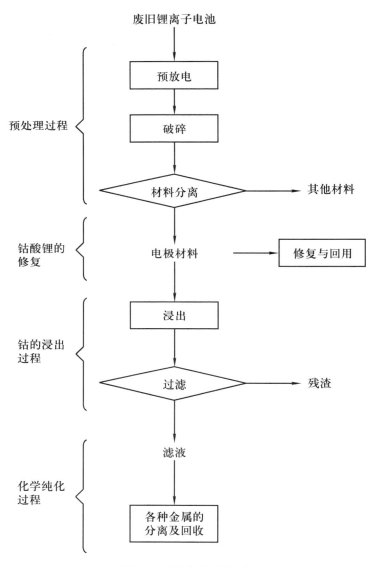

图 2-5 锂电池的回收

引自:王光旭,李佳,许振明.废旧锂离子电池中有价金属回收工艺的研究进展[J].材料导报,2015,(7):113—123.

2.10　干冰

干冰是固态的二氧化碳。在常温高压的条件下,二氧化碳可以冷凝为无色液体,进而在低压条件下,部分液态二氧化碳迅速蒸发,吸收大量热量,另一部分二氧化碳骤冷变成一块块压紧的冰雪状固体物质,即干冰(图 2-6)。干冰的熔点为 $-78.5\,℃$。干冰在正常的大气条件下可直接由固体升华变成气体,而不经过湿的液体阶段,因此得名“干冰”。由于干冰的温度非常低,在实验室中,常用于维持样品冷冻或低温状态。

图 2-6　各种形状的干冰

1. 干冰储存的注意事项

(1) 干冰极易挥发,升华为气体二氧化碳,高浓度二氧化碳可能引起窒息,因此需存储在通风良好处。

(2) 因干冰升华所产生的压力会引起爆炸,禁止将其放置于密闭容器内(如矿泉水瓶、冰箱冷藏室等)。

(3) 不可以将水加到干冰中,否则可能加速干冰升华,增加窒息的风险。

2. 干冰使用的注意事项

（1）实验室使用时，可用专用的存储箱或泡沫保温箱临时存储干冰（确保容器不密闭）。禁止用手直接触摸及入口干冰！

（2）使用干冰的实验室需保持良好通风。

（3）由于干冰会引起冻伤，需佩戴可耐受低温的隔热手套后再取用；同时需穿戴防护眼镜、长袖实验服及长裤。可将大块干冰砸碎以得到干冰粉末，干冰粉末升华速率快，需尽快使用。

（4）使用后剩余的干冰，不可随意丢入水槽或垃圾桶中。可将其置于通风良好的区域，待其升华。

2.11 钠砂

超干的无水溶剂如无水四氢呋喃、无水甲苯在实验室里常常用适量的金属钠加热回流来获得。如果希望有效获取高要求的无水溶剂，还可以先把金属钠制备成钠砂以提高金属钠的表面积，再和预干燥的四氢呋喃或甲苯加热回流来获得。制备钠砂可以用搅拌法和振摇法。

（1）首先准备好灭火毯、沙桶和灭火器，戴上防护眼镜、防护面罩和防火手套，穿好防火服。清空台面后，取干燥洁净的大号结晶皿，向其中加入适量的石油醚，使用干燥洁净的镊子将浸泡在煤油中的大块金属钠夹入盛有石油醚的结晶皿中，左手用镊子将钠块固定，右手使用干燥洁净的剪刀将大块的金属钠除去表面氧化层后剪成直径大概 0.5 cm 的小块。在操作过程中注意保证金属钠全程浸泡在石油醚中，如果遇到表面有石蜡保护的钠，还要注意将石蜡保护层去掉。

（2）取用新购买的结实可靠的三口圆底烧瓶，烘干放冷后，向其中加入二甲苯，用镊子将切好的小块金属钠轻轻夹入二甲苯中。三口瓶的中间接口连接长空气冷凝管,切不可水冷,两侧接口安装玻璃塞,使用磨口夹固定。

（3）将上述装置加热至二甲苯沸腾,并观察到金属钠熔化。之后将整个装置撤离热源,放置约 10 s,一手戴好三层线手套或隔热手套,托住圆底烧瓶底部,另外一手扶稳冷凝管,在通风柜中用力振摇整个装置,使熔化的金属钠分散成液态金属小球。之后将整个装置静置放冷,待完全冷却,使用倾析法将二甲苯倾倒至二甲苯回收瓶中,在瓶身贴上标签清楚标明含钠,妥善保管以备下次制备钠砂时继续使用。向钠砂中加入预处理的四氢呋喃或乙醚等待蒸馏的溶剂,参照"1.3 溶剂的除水处理",搭好溶剂重蒸系统即可。

（4）溶剂重蒸系统在使用一段时间后,需要更换其中的钠砂。这时需将重蒸系统小心拆除,将其中剩余的四氢呋喃或乙醚等溶剂倾析到干燥洁净的广口废液瓶中,先用异丙醇及时猝灭,再用乙醇猝灭,最后将所有残余物质慢慢滴加到适量的水中猝灭;将剩余的钠砂少量多次分批缓慢加到异丙醇中,使钠缓慢消耗掉,再滴加到适量的乙醇中,最后将所有猝灭的残余物质慢慢滴加到适量的水中确保完全猝灭。盛装过钠砂的三口圆底烧瓶不可重复使用。建议最后的猝灭处置在室外进行。

（5）金属钠在易制爆目录中,其购买、存储、使用等应严格按照有关规定执行,并做好使用记录。

（6）注意体系不得使用大于 100 mL 的圆底瓶。

2.12　废液回收

根据北京市地方标准 DB11/T 1368—2016《实验室危险废物污染防治技术规范》,实验室一般化学废液主要分为:含卤有机废液、一般有机废液、一般无机废液（废酸或废碱）。实验室收集和暂存废液应符合以下规定：

（1）将废液桶根据本房间的实际情况先贴上相应的废液标签，然后把桶放入黄线框中与立面张贴的标签对应的位置，桶下面有防泄漏托槽（图 2-7）。废液投放前先在投放单正副联上记录主要有害成分及数量等信息，投完废液后内外盖应随时盖好盖紧。确保废液暂存于较阴凉、远离火源和热源及配电箱的位置。

图2-7

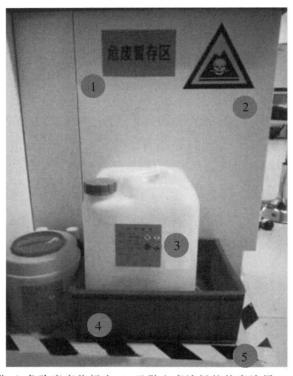

1:区域名称;2:危险废弃物标志;3.已贴上废液标签的废液桶;4.防泄漏托槽;5.黄线框

图 2-7　危险废弃区域标识

（2）倒入废液桶的主要成分必须在投放单上登记，要写明成分的中文全称，不可写简称或缩写。桶快满时（至少保留

1/10 的空间)停止加入,将测得的 pH 记录到投放单上相应位置,等待转运。

(3) 倒入废液前,应仔细查看对应废液桶的投放单,确认倒入后不会与之前投入的废液发生异常反应,以免有毒气体生成、放热等。否则应单独暂存于标准容器中,加上内外盖,贴上标签,单独填写投放单,等待转运。

(4) 不可将剧毒及含汞物质倒入上述废液桶里。

(5) 最后一次投放或转运前测 pH 并记录在投放单上。将投放单副联交给转运人员。

(6) 投放单应保存 5 年。

2.13　铬酸洗液

铬酸洗液是实验室常用的强氧化性洗液之一,由重铬酸钾和硫酸配制而成,其中重铬酸钾为氧化剂。铬酸洗液配制方法简单,但是反应过程中产生大量的热,并有迸溅的危险,所以在配制铬酸洗液时要特别注意安全,戴好耐酸防护手套、穿好耐酸防护服、佩戴防腐蚀防护眼镜。铬酸洗液具有强氧化性,配制和储存都要放在耐酸、耐热的专用容器中。

新配制的铬酸洗液应为深橙红色,配制比例中硫酸的含量高,洗液效果好。实际配制浓度应根据需要来选择。生物实验室清洗耗材使用的铬酸洗液中硫酸的浓度多为 20%,溶液的配制方法是:每 1000 mL 水加入 100 g 重铬酸钾和 200 mL 浓硫酸。

无论使用哪种配制比例,都要先将重铬酸钾溶于水。在专用的酸缸(本身为耐酸材料,禁止用其他的器皿配制铬酸洗液)中加入一定量的自来水,必须先按照浓度要求加入重铬酸钾粉剂;待重铬酸钾完全溶解,溶液完全冷却后,再在不停搅拌下缓慢加入浓硫酸。注意浓硫酸不可加入过快,以防止浓硫酸溶解过程中释放的大量热量造成洗液温度上升过快、出现铬酸结晶或者酸液溅出引起衣物或者肌肤损伤。

使用铬酸洗液时必须遵循下列要求:

(1)铬酸洗液具有一定的腐蚀性,使用时一定要小心,防止溅到衣物、肌肤或者眼睛里。使用铬酸洗液时必须穿耐酸围裙,戴耐酸手套和防护眼镜。

(2)在使用前一定要严格检查耐酸围裙、耐酸手套和防护眼镜是否完好。如果有漏水、漏液或者破损,则不能使用。

(3)在将玻璃器皿和塑料耗材等放入铬酸洗液中时,一定要轻轻放入,禁止直接抛入而引起酸液外溅。

(4)泡完铬酸洗液的器皿和耗材等从酸液中拿出清洗时,一定要将残留酸液尽量留在酸缸中。禁止洗涤带有大量酸液的器皿和耗材等,防止造成下水系统的腐蚀、损坏。

(5)一定要在防腐蚀洗刷池中洗涤铬酸洗液浸泡过的器皿和耗材等。

(6)身体沾染铬酸洗液时应先用棉花或纱布将洗液吸掉,然后用大量清水冲洗。情况严重者尽快到医院就医。

(7)发生泄漏或遗洒事故时可用沙土、干燥石灰或苏打灰混合,也可用大量水冲洗。

2.14 汞

汞是银白色、闪亮的液态金属,在常温下可缓慢挥发,化学性质稳定,不溶于水、酸、碱。汞用于化学工业中含汞化合物的生产,仪器仪表中温度计、电器行业荧光灯的制造,以及冶金工业贵重金属提炼等。实验室常用汞与钠制备钠汞齐,作为化学合成过程中常用的还原剂。汞常温下即可缓慢蒸发,注意避免吸入呼吸道,汞进入体内后不容易排出,会形成累积性中毒。因此,操作汞时应佩戴防护口罩和手套,并在通风柜内进行。具体操作时应注意以下几点:

（1）储存汞要用厚壁的容器。容器应在盛有水的搪瓷盘内存放。

（2）不要让汞直接暴露于空气中,盛汞的容器应在汞液面上加盖一层水并确保盖好盖子。盛汞器皿和有汞的仪器应避免强光,远离热源。

（3）若有汞遗洒在桌上或地面上,操作者应佩戴自给式呼吸器,穿化学防护服,佩戴手套进入现场处理。先打开实验室排风装置,用吸汞管尽可能将汞珠收集起来,然后用硫磺盖在汞溅落的地方,并摩擦使之生成 HgS 废弃物后进行回收。沾有汞的物质应在专有容器内保存。

（4）身上有伤口,切勿接触汞。

2.15　铜触媒

常见的手套箱的除水、除氧多用分子筛及铜触媒。从手套箱退役下来的铜触媒需要妥善处置,不得随意丢弃,以免阴燃引起火灾。

目前比较好的办法是将失效的铜触媒用水使其充分吸胀,转移到废液桶里,再提交处理厂利用处置。

具体方法是:操作者应戴上口罩,取小半桶自来水,用长柄勺将铜触媒慢慢加到水桶里,边搅拌边加入。长柄勺全程不要沾上水,期间注意放热是否过快。加完以后充分浸泡,贴好警示标识,盖好桶盖放在室外安全的地方过夜。次日全部转移到一只空的废液桶里。按一般无机废液提交,等待转运。注意处理过程中应确保周边没有易燃物品。

2.16　金属钠及其废弃物

金属钠遇水剧烈反应,量大时燃烧爆炸,故使用过程中应严格防止其与水接触,须保存在煤油或者液体石蜡中。在称量或切碎过程中动作应迅速,以免空气中水汽侵蚀或被氧化。

1. 操作规程

用镊子从煤油中将金属钠取出,在滤纸上吸净表面上的煤油,在玻璃片上或者培养皿中用小刀切割下表面的氧化层,然后切一小块钠,剩余的金属钠再放回原试剂瓶即可。粘有钠屑的滤纸不能扔到垃圾桶中。

实验后产生钠皮的处理,往往是一件既费时又有一定危险的工作。少量的钠皮处理方法是将金属钠皮加到醇溶剂中,与醇反应生成醇钠溶液。醇溶剂可以用无水乙醇,也可用异丙醇或叔丁醇。加入金属钠时应不断搅拌,确保反应完全,然后放置24 h后滴加到水里充分反应,至无气泡冒出。废液回收统一进行处理。因处理过程中会产生氢气,操作时应在通风柜内或室外进行。此种方法适合处理少量的金属钠皮,块状的金属钠不适合用此种方法进行处理。

当收集较大量的钠皮或块状金属钠时,应采取回流熔融、固化的方法进行回收处置。将回收的金属钠皮或块状的金属钠放入圆底烧瓶,然后放入液体石蜡或甲苯溶剂,液面高于钠皮或金属钠。圆底烧瓶上连接冷凝管,通入冷凝水,加热进行回流,待金属钠熔融后再继续加热少许,以使其完全熔融,金属钠完全熔融后停止加热。

将圆底烧瓶中熔融的金属钠和溶剂趁热倒入事先准备好的蒸发皿中,使之自然冷却。待金属钠凝固后,倾去溶剂,用切钠刀将固化的金属钠切成块状放入瓶中，上面用煤油或石蜡油覆盖保存。如果废钠皮较多，可重复上面的操作，再一次进行回收，回收的溶剂可以重复使用。

2. 注意事项

（1）回收过程中所用仪器须全部干燥。

（2）加到圆底烧瓶的废钠皮的量不宜过大。倾倒熔融的金属钠时，不要等到烧瓶的温度过低，以免倾倒不出来。

（3）操作过程中要小心谨慎，防止烫伤手。不要直接用手触摸金属钠，以免灼伤。

（4）处理金属钠皮应在有丰富实验室工作经验的人员陪同下进行，不宜独立操作。

（5）所有操作之前应备好沙桶和干粉灭火器。

2.17　危险化学品泄漏处置

出现危险化学品泄漏事故时，如果有人员被试剂溅到，应尽快用紧急喷淋器或者大量水冲洗（与水发生反应的物质除外），情况严重者应立刻前往医院治疗。如果没有人员受伤，泄漏的量又少，应快速选择合适的应急处理包及时进行处置。如果泄漏的量多且产生有毒有害或其他刺激性气体，应立即警示附近人员，然后报告请求支援，及时联系应急小组救援人员，由专业人员处置。一般处置流程如下：

（1）应急小组到场后，根据现场情况，设警戒隔离带、封闭现场，在确保安全的情况下，应科学果断地远程关阀、限阀或采取堵漏措施。

（2）做好防护，佩戴必要的防护装备，如防护服、呼吸器、手套、防护眼镜等。如果无法判断泄漏物质的类型，必须按最严重的情形对处理对象谨慎处理。

（3）快速确认泄漏来源，判断泄漏现场物质的类别和潜在的危险性，如可燃性、爆炸性、反应性和毒性。根据泄漏源标签或相关知情人员提供的线索，结合相关的化学品安全数据说明书尽快确定响应级别，如是否需要进行人员疏散等。

（4）拿出挥发性有机物检测器，轻轻打开实验室门，站在侧风口用挥发性有机物检测器检测实验室内污染气体浓度（约1 min），并通过视窗观察实验室基本情况。探测完成确认后人员可以进入。进入实验室打开窗户，站在上风口，确认泄漏点位和大致数量。

（5）在泄漏地点周围，用吸附棉围堵（防止扩大泄漏液体面积），用吸附棉压住连接处（图2-8）。用消防沙覆盖、吸附泄漏的废液，吸附完成后倒入废弃物暂存桶。用钳子夹住吸附棉，吸附泄漏的化学品，吸附完成后放入废弃物暂存桶。

图2-8

图 2-8　用吸附棉围堵吸附废液

（6）用钳子夹住吸附棉进行二次吸附，吸附完成后，撒上消防沙，用塑料刷来回清扫然后把产生的废弃物倒入废弃物暂存桶。

（7）处理完成后用滴瓶滴少量清水在泄漏中心，用 pH 试纸检测泄漏点 pH，观察颜色变化与比色卡比对，仔细查看泄漏物是否处理干净。再用挥发性有机物检测器检测空气中污染气体浓度。检测符合标准后把废弃物用钳子放进防化垃圾袋，并用轧条进行密封，盖上桶盖。

（8）应急小组人员撤出实验室并进行喷淋冲洗，脱防护服放入防化垃圾袋贴上危险废弃物标签。密封好垃圾袋和暂存桶并及时联系有资质的废弃物处理公司回收处理，以防二次污染。

（9）确认各项指标均已正常，现场已处置完毕后，方可撤除警戒。

参考资料

[1]　《易制爆危险化学品治安管理办法》（公安部令第 154 号）

[2]　《关于开展 2018 年度高等学校科研实验室安全检查的通知》（教技司〔2018〕254 号文件）

[3]　刘亦峰,黄金华,周荣芳,等. 氢氟酸(HF)灼伤致死 1 例报告[J]. 海峡药学,2014,12(26):264—265.

[4]　张海峰,主编. 常用危险化学品应急速查手册[M]. 第 2 版. 北京:中国石化出版社,2009.

[5]　沃银花,王勇,姚奎鸿. 硅烷的危险特性及安全操作[J]. 中国安全科学学报,2004,14:57—61.

[6]　李棣云. 硅烷的性能和灭火方法[J]. 中国消防,1986,2:41.

[7]　王光旭,李佳,许振明. 废旧锂离子电池中有价金属回收工艺的研究进展[J]. 材料导报,2015,(7):113—123.

[8]　北京市地方标准 DB11/T 1368—2016《实验室危险废物防治技术

规范》

[9]　北京大学化学与分子工程学院分析化学教学组,编著. 基础分析化学实验[M]. 第 3 版. 北京:北京大学出版社,2010.

[10]　蔡乐,主编. 高等学校化学实验室安全基础[M]. 北京:化学工业出版社,2018.

[11]　吕明泉,李翠娟,韩淑英,等. 金属钠皮的回收利用[J]. 实验技术与管理,2004,21(6):159—160.

[12]　仲崇波,王成功,陈炳辰.氰化物的危害及其处理方法综述[J].金属矿山,2001,(5):44—47.

[13]　叠氮化钠使用中的安全隐患及处理对策. http://www.gbw114.com/news/n14144.html.OL,2015－12－02.

[14]　有机叠氮化合物. https://cn.chem-station.com/.OL,2016－10－17～2016－11－11.

[15]　吴冠芸,等主编.生物化学与分子生物学实验常用数据手册.北京:科学出版社,1999.

[16]　参考西斯贝尔(SYSBEL)产品说明书(有改动).

第 3 章　仪器设备安全

3.1　旋转蒸发仪

旋转蒸发仪是回收溶剂、浓缩溶液的常用装置,通常由冷凝装置、驱动装置、升降器和加热装置几个部分组成(图 3-1),通常在减压条件下操作。

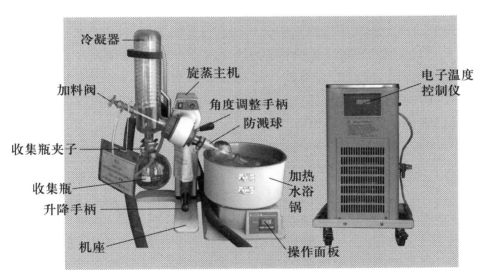

图 3-1　旋转蒸发仪和冷凝循环泵

图3-1

1. 操作规程

(1) 打开冷凝循环泵,依次开启电源、循环、制冷按钮,注意冷凝循环泵不要从早开到晚,不用时应及时关闭。

(2)按住驱动装置,用升降手柄慢慢调整适当高度。

(3)连接防溅球,用磨口夹固定。连接回收瓶,用夹子固定,旋上螺丝。

(4)蒸馏瓶加入待蒸物,物料不超过蒸馏瓶容积的1/2。将蒸馏瓶连接到防溅球上,用磨口夹固定。

(5)将冷凝装置的抽真空接口与真空泵的安全瓶连接,打开真空泵,通过调节安全瓶阀门或真空阀的角度,得到合适的真空度。

(6)按住驱动装置,调节升降器,将蒸馏瓶下降至水浴锅内,使水浸没至待蒸馏物料液面,旋转锁定手柄来锁定升降器。打开调速开关,旋转调速旋钮至合适转速,注意不宜过快。打开水浴锅开关,设定合适温度。

(7)蒸馏完毕后,转速调至"0",按住驱动装置,慢慢提起升降器。打开真空泵安全瓶阀门使体系通大气。

(8)收集蒸馏瓶和回收瓶中的物料。使用退瓶器退下防溅球,再旋回原位置。

(9)关闭真空泵开关。关闭旋转蒸发仪的水浴加热开关、转速开关。最后依次关闭冷凝循环泵的制冷、循环和电源开关。

2. 注意事项

(1)冷凝循环泵一般先启动循环系统,再启动制冷系统。

(2)防溅球和蒸馏瓶必须用磨口夹固定,为了防止蒸馏瓶中的固体(如硅胶)喷出,防溅球内可塞上一小团棉花。安装和拆卸回收瓶时,请用手托住瓶底。安装时夹子要固定牢,螺丝要顶住夹柄。

(3)使用时请确认蒸馏瓶、防溅球或磨口夹不与水浴锅磕碰。

（4）减压蒸馏时，若蒸馏瓶内液体暴沸，应立即提高蒸馏瓶高度，离开水浴，待适当降低水浴温度后再继续蒸馏；也可旋转安全瓶活塞，适当降低瓶内真空度。

（5）旋蒸溶剂时未使用磨口夹致使圆底烧瓶脱落，可能引起火灾等事故。

（6）旋蒸之前需要充分了解溶剂性质，旋蒸低沸点溶剂（如乙醚）时须有人在场。尾气经过冷阱及适当的吸收装置后接入开启的通风柜里。及时将回收瓶的废液分类，回收到废液桶中。

（7）各个厂家及不同型号的仪器会有差别，具体的操作细节请详见仪器说明书或者按照仪器工程师的规范要求操作。

3.2　离心机

离心机是利用离心力使得需要分离的不同物料得到加速分离的机器（图 3-2）。实验室常用的沉降式离心机的主要原理是，通过转子高速旋转产生的强大离心力，加快混合液中不同密度成分（固相或液相）的沉降速度，把样品中不同沉降系数和浮力密度的物质分离开。在生物实验室中，还可能会用到特殊的离心机，如高速离心机、冷冻离心机等。这里介绍一般离心机的操作流程及注意事项。

1. 操作流程

（1）使用前必须保证面板上的各旋钮处在规定的位置上，即电源在"关"的位置上，电位器及定时器在"0"的位置上。

（2）离心管的选择：根据待离心液体的体积选择合适大小的离心管。特别要注意，离心管所盛液体不能超过离心管总容量的 2/3，如超过，易导致液体溢出，污染离心机的转头。

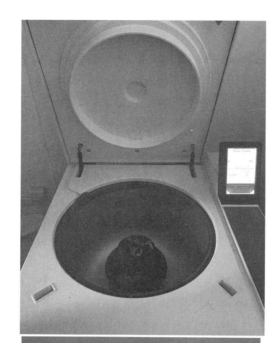

图3-2-0

图3-2-1

图 3-2　离心机

（3）离心管的使用：离心管的数量须是偶数，每支离心管中须放置等质量的样品，然后放入中心对称的转头内。若只有一支样品管，另外一支要用等质量的空白样品代替，以免由于质量不均或者放置不对称，而使离心机在运行过程中产生强烈的震动。

（4）离心机的设置：离心管放入后拧紧螺帽，盖好门盖，然后接通电源，打开电源开关，指示灯亮；设置好离心时间及转速，确认无误后，再开始运行离心程序。

（5）离心管的取出：离心时间到后，须在离心机完全停止转动后，方可打开离心机盖，取出样品。不可用外力强制其停止运动。

2. 使用注意事项

（1）离心机使用前请详细阅读说明书，以免操作失误。

（2）将离心机安放在坚固平整的台面上。离心机在高速旋转时切不可随意打开门盖。

（3）离心开始后，应等到离心速度达到所设速度时才可以离开。一旦发现离心机异常（如不平衡导致机器明显震动，或噪声很大），应立即按下停止键，停止离心。一般情况下不要直接拔除电源线，运行过程中拔除电源线会导致离心机刹车失败，反而增加离心机停机时间。

（4）使用前必须经常检查离心管是否有裂纹、老化等现象，如有，应及时更换。离心管需对称放置，配平质量。

（5）离心机使用完毕后，将转头和仪器擦干净，以防试液沾污而产生腐蚀。

（6）离心机单次运行时间最好不要超过 60 min。机器如发生故障，及时与生产厂家联系。使用结束后必须登记，注明使用情况。

（7）离心机不要用于含有机溶剂的固液离心分离操作。

3.3　注射器

在化学实验中,经常需要使用注射器来取用试剂,特别是一些对空气敏感的试剂。注射器的使用,看似是习以为常的简单操作,但如果使用不当,也有可能发生如针头脱落等导致的事故。因此,特别对于长针头注射器的使用,应严格按照如下操作流程进行。

1. 操作流程

（1）安装针头:将注射器原装针头摘下,集中保存或按要求丢弃,再将选好的长针头接在注射器前端,用镊子夹住针头末梢。如使用扳手,通常朝里旋(目的是让针头和针筒连接更紧密),再用封口膜缠紧接缝处(图 3-3)。

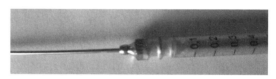

图 3-3　安装针头示意图(用封口膜缠紧针头和针筒连接处)

（2）取样:以取用空气敏感试剂为例(如叔丁基锂)。用铁架台及铁夹固定药品瓶(图 3-4),用镊子挑出瓶上烧熔的封口膜或蜡(注意不要把封盖捅破),插入惰性气体气球。将针头插入远离气球针头的无孔洞的另一侧,抽取瓶中的惰性保护气;然后拔出针头,排出气体,置换针头里的空气,重复三次,再抽取试剂。待注射器内试剂体积大于所需的量时,将针尖高度提高至瓶内液面上方,一手握住注射器与针头的连接处,另一只手将注

射器活塞往下压,使气体处于注射器前端。轻轻敲打注射器,使
试剂里头的小气泡全部浮至表面。排除气泡,再把活塞推至所需
刻度。拔出针头前,先在注射器前端留一段惰性气体柱(图 3-5)。

图 3-4　用铁架台及铁夹固定试剂瓶

　　(3) 如果取的是溶剂纯化系统中的无水溶剂,由于储液球
内维持正压,需顶住活塞,避免活塞脱落、溶剂喷出。此时留一
段气柱也是有必要的,否则针头拔出后由于推着活塞的手来不
及撤力,溶剂会向前喷射。
　　(4) 转移试剂:保持注射器的朝向不变,一手扶着注射器活
塞或针头连接处,另一手护在试剂瓶口,以免拔出针头后针尖摇
晃,晃出试剂或误伤人。拔出针头后,应尽快插入反应体系中。

图3-4

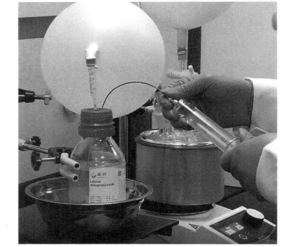

(a) 取试剂

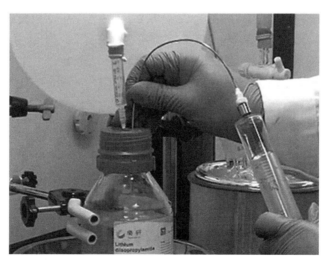

(b) 排气泡(吸一段惰性气体做保护)

图 3-5 取试剂及排气泡

引自：https://www.bilibili.com/video/BV1ps411V7wW？from＝search&seid＝104279731583779446

转移液体试剂时需一手固定针头针筒连接处,另一只手缓慢推活塞,推至顶部后,反复推拉活塞,将注射器中残余的试剂尽可能多地转移。

(5) 取用试剂后的试剂瓶需用封口膜或蜡重新封好,放回原处。针头和注射器需清洗,并放回原处或放到指定回收桶中。

2. 操作注意事项

(1) 要选择合适的针头。若所取试剂非常黏稠,可以考虑用短的粗针头或长的 12 号针头;对于自制或商业化的特殊包装的空敏试剂,必须使用长针头。如正丁基锂遇空气会堵住针头,可以选取稍微粗一点的 9 号针头;若从溶剂纯化系统中抽取溶剂,细的 7 号针头即可。

(2) 在每次使用前,应仔细检查注射器是否完好、活塞的滑动性能如何(即活塞与注射器筒壁的摩擦力大小)、针头是否堵塞、注射器与针头是否干净(无污染,包括干燥无水),并以此为依据判断是否需要更换注射器与针头。

(3) 尽量在通风柜内使用注射器取样。使用时,针头切勿对准自己或他人,以免造成针头扎伤或液体喷溅事故。

(4) 取液体和转移液体前应固定好试剂瓶和反应瓶。取液体和转移液体的过程中应握住针头与注射器的连接处,以防针头脱落。

(5) 取液体时切记不可太大力或操之过急,以免活塞拔出造成事故。所取液体不可超过刻度线。对于特别危险的液体,如叔丁基锂溶液,所取的量不可超过注射器容积的 1/2。取液结束后应在注射器前端留一段气柱,以免在注射器转移过程中针尖的液体滴落,造成污染和伤害。

(6) 注意用注射器吸取刚从冰箱中拿出的试剂时,由于温差较大常有喷出的危险。

（7）使用结束后，应清洗针头与注射器，再放回原处或按指定要求丢弃。切不可不清洗就直接丢弃。针头属于利器，不能与普通垃圾混在一起。

3.4 通风柜

通风柜是实验室常用的大型排风设备（图 3-6）。为了防止实验过程中操作者直接吸入有毒有害气体、蒸气或微粒，涉及挥发性的有毒有害物质（含刺激性物质）或毒性不明的化学物质的实验操作都必须在通风柜中进行，这样既可避免操作者受到伤害，保障人员的健康，也可防止污染周围环境。

图3-6

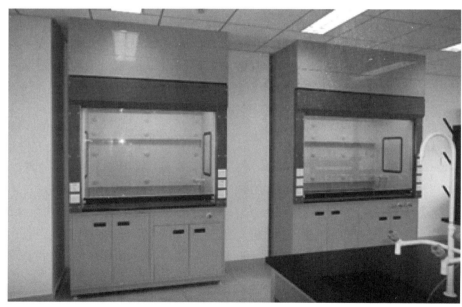

图 3-6 通风柜

为了保障排风不受阻碍，通风柜内不应放置大件设备，不可堆放试剂或其他杂物,以免影响通风柜的排风效果。通风柜内只放当前使用的物品和危险化学品,而且危险化学品及玻璃仪器不宜离柜门太近。通风柜下方密闭空间也不宜存放易挥发、易燃易爆、腐蚀性的试剂等物品。

实验室如没有补风系统,开启通风柜前,应打开进风通道(门、窗等)。如果在开启风机的情况下关闭门窗,将会对室内造成较大负压,影响通风柜的排风效率。

人员操作时,通风柜柜门应拉到胸部以下,确保胸部以上受到柜门防爆玻璃的保护。操作者可将手伸进通风柜内进行操作,进行化学实验操作过程中不可将头伸进通风柜内操作或查看实验。操作完后,为了保持足够的风速将有毒有害气体排走,应尽量使柜门放置到最低。实验结束后应继续开启风机 $1 \sim 2$ min,确保充分排走有毒有害气体。

不得在未开启通风柜排风的情况下在柜内操作产生有毒有害气体的实验。通风柜排出的有毒有害气体在向高空排放前,必须经过活性炭或采取其他措施吸附过滤后方可排放。

应定期对通风柜的硬件设备进行检查,对面风速进行测试,确保化学实验室的通风柜面风速保持在 0.5 m/s。

每天第一个来实验室的人员应先开窗通风,不要急于开通风柜。

3.5　超净台

超净台是一种提供高洁净度局部空间的设备,能够将其内部的样品与周围环境隔绝,使其处在无尘无菌的工作环境中,在生物实验室中广泛使用(图 3-7)。

图3-7

图 3-7　超净工作台

1. 超净台的使用流程

（1）打开紫外灯对超净台进行灭菌（15 min 以上）。打开通风以排除臭氧，等待约 30 min 后再使用。

（2）用 75％乙醇擦拭台面和超净台内物品。

（3）提前对需要拿进超净台的物品进行灭菌，根据具体种类选择高压蒸汽灭菌或用 75％乙醇擦拭。

（4）将实验用品放置在洁净区、工作区和废弃物暂存区等指定的区域，按照无菌操作规程完成实验内容。

（5）实验完毕后，整理好实验用品和废弃物，移出超净台。将超净台内的物品归位，用 75％乙醇擦拭台面。

（6）关闭通风，拉下移门，可打开紫外灯进行灭菌。

2. 超净台使用的注意事项

（1）使用前确认超净台已做灭菌处理，实验手套要用 75％ 乙醇擦拭。超净台的气流是由内向外，只能保护样品不受污染，不能保护操作者，一定不能操作具有生物危害性的试剂！

（2）进行紫外灭菌时不要靠近。紫外灭菌后会产生臭氧，不要立刻开始使用。操作时注意戴好口罩、手套和护目镜，避免来自超净台内实验样品的伤害。

（3）超净台内空气流速较大，需按照指定区域放置样品，防止被废弃物污染。超净台内不放置不必要物品，保持洁净气流不受干扰。

（4）使用完毕后及时关闭超净台，避免长时间处于工作状态。定期清理和更换过滤器。

3.6　马弗炉

马弗炉是实验室常用的加热设备（图 3-8），主要用于各种有机物和无机物的灰化、熔融、热处理以及灼烧残渣等高温加热实验，也可用于高温固相合成。

马弗炉操作注意事项：

（1）密闭式加热设备必须在没有导电尘埃、爆炸性气体或腐蚀性气体的场所工作。

（2）加热材料有大量挥发性气体时，将影响和腐蚀电热元件表面，应及时预防和做好密封容器或适当开孔加以排除。可膨胀的液体或者液化的样品不能在密闭容器中加热，确保样品不产生易燃或者对人体有害的气体。

（3）使用时炉温不得超过最高温度或急冷急热，以免烧毁或损坏电热元件。要经常照看，防止自控失灵造成事故。在马弗炉加热

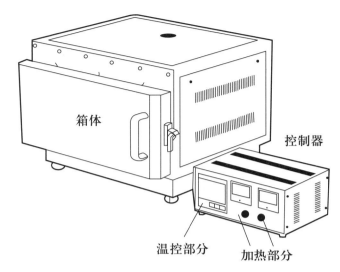

箱体

控制器

温控部分　　加热部分

图 3-8　常见马弗炉构造

时,炉外套也会变热,应使炉子远离易燃物,并保持炉外易散热。

（4）使用马弗炉时,需注意安全,取放样品时,应使用相应防护器具,谨防烫伤。

（5）确保坩埚在设定温度内结构上不会变形或者被破坏。

（6）使用过程中,马弗炉炉膛有龟裂属正常现象,但应经常保持炉膛清洁,及时清除炉内产生的氧化物及其他遗撒的物质。

（7）定期检修马弗炉的线路和马弗炉的安全状况。

3.7　烘箱

烘箱与马弗炉类似,是实验室常用的加热设备（图 3-9）。烘箱使用的温度区间较低,但提供更为稳定、均匀的热源。常用于对物品长时间的加热,例如烘干各式玻璃仪器、用具、样品等等;亦可作为水热、溶剂热反应的热源。在使用烘箱时应注意以下几点:

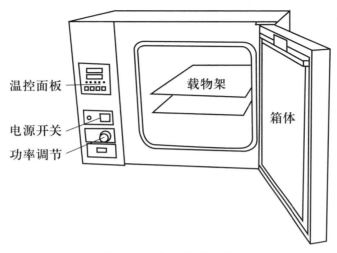

温控面板

电源开关

功率调节

载物架

箱体

图 3-9　常见烘箱构造

（1）烘箱作为密闭式加热设备，同样遵守马弗炉使用安全规则，详见 3.6 节（1）～（4）。

（2）烘箱内不许放置纸类等易燃物质。不许放入含有乙醇、丙酮、石油醚等高挥发性易燃溶剂的物品，以免溶剂气体被点燃发生爆炸。经过以上溶剂润洗的器皿也应尽可能除掉溶剂后，再放入烘箱烘干。

（3）烘箱使用时不得超过额定最高温度，使用完毕，应切断电源，使其自然降温。

（4）经常保持内部清洁，及时清除灰尘。

3.8　真空干燥箱

真空干燥箱不同于普通电烘箱。真空干燥箱可以比较快速地干燥一些怕氧、高温容易分解或熔点低而易熔融的化合物。使用注意事项如下：

（1）使用真空干燥箱时，必须先抽真空到要求的真空度，再加热升温。

（2）物品若比较潮湿，须在真空箱与真空泵之间加过滤器或冷阱，防止溶剂被直接抽进真空泵。干燥样品时用含针孔的滤纸包扎盖好，以免干燥后喷到烘箱里。

（3）真空泵不能长时间工作。当真空度达到干燥物品要求时，应先关真空阀，再停真空泵。待真空度达不到干燥物品要求时，再打开真空泵电源及真空阀，继续抽真空，反复数次。

（4）箱内不得放干燥易燃、易爆、易产生腐蚀性气体或减压下易分解爆炸的样品。

（5）真空干燥箱不得当普通烘箱使用。

（6）不可无人状态下加热过夜。

3.9 真空油泵

真空油泵是实验室常用的抽真空的设备之一。真空油泵长时间使用或使用不当，如倒吸或积累高沸点的液体等，将导致真空度下降，需要清洗换油。清洗换油时应注意：

（1）应咨询专业人员并由同学陪同完成，应做好防护，在通风良好处进行。

（2）废油小心收集并倒入废液桶，贴好标签及时联系处理厂回收处理。

（3）沾染的物品、地面应及时用卫生纸擦拭干净。

（4）泵体中残留的不干净的废油可加少量石油醚浸泡10 min，其间可以手动转动泵轴，让残液充分接触石油醚，拧开放油口将废油放出。重复以上操作至流出物清亮。

（5）将泵晾几个小时后加入少量新的泵油，转动泵轴几圈，然后把油放干净。加入适量新的泵油至观察窗半高为止。如果泵油高于观察窗,及时放出一部分。

（6）转动泵轴时只能手动,严禁插电驱动,以免引起着火或废油喷出伤及眼睛。

（7）换油的全过程中不得将泵放到圆凳、台面等位置高的地方,以防泵因油污滑下来。

3.10　微波反应器

微波技术应用于有机合成反应,可使反应速率比常规方法要快数十倍甚至数千倍。用微波反应可合成常规方法难以获得的产物。它正越来越广泛地运用于材料、制药、化工及其他相关科研和教学领域中。

现在的微波反应器（图 3-10）多采用微波功率自动变频控制

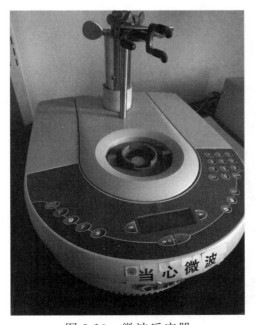

图3-10

图 3-10　微波反应器

技术和非脉冲连续微波加热技术,同时非接触红外温度传感器能实时监测和调节控制反应温度。使用时必须使用厂家提供的专用容器并合理选择容器大小。严格按照说明书设置微波功率和反应时间,不得反应过夜。

使用机械搅拌时转速不得过快。注意观察冷凝水的速度并确保适中,用完及时关水。反应过程中应做好防爆防护,以防意外。

3.11 液体闪烁计数器与伽马计数器

液体闪烁计数器适用于发射 β 射线核素的定量分析,伽马计数器适用于发射 γ 射线核素的定量分析(图 3-11)。使用本类

图3-11

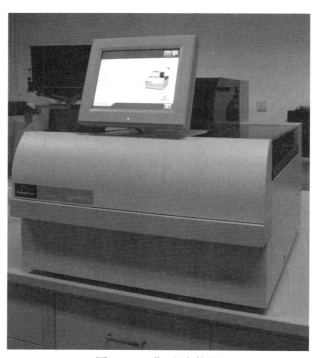

图 3-11 伽马计数器

仪器的人员必须通过相关的培训,考核通过方可获得操作权限。

（1）对于长寿命核素,检测样品前必须通知相关老师,获得允许后,方可操作。

（2）对于长寿命核素,如 Tc-99,Cs-135,Sr-90 等,对仪器的维护最关键的问题是保护好探头不被核素污染。在准备检测样品时,应严格防止样品破碎、泄漏。测量完毕后及时清理样品。放射性废物交由实验室管理人员处理。

（3）样品如需加入实验用闪烁液,应在铺有吸水纸的搪瓷盘内操作,防止遗洒。

（4）若要拷贝数据,必须向实验室管理人员领取专用的 U 盘,等数据转存到自己的电脑后,将 U 盘格式化后交回。

（5）实验时要注意安全。若样品有损坏或同位素泄漏,应及时汇报,不得瞒报。

3.12　电磁搅拌器

电磁搅拌器,由可旋转的磁铁和控制转速的电位器组成(图 3-12),使用时将聚四氟乙烯搅拌子(也称磁子)放入反应容器内。可根据容器大小选择合适尺寸的搅拌子,以达到最佳搅拌状态。

对于低沸点溶剂,沸点在 80 ℃ 以下的液体宜用水浴加热。沸点在 80 ℃ 以上,可用油浴、沙浴、金属浴、电热套等加热。

应在搭装置之前,检查搅拌和升温功能是否正常。配合加热套使用时,注意不要将液体洒到套内或前面板,否则容易造成短路。磁子的转速调整应由慢到快,使磁子平稳转动,转速并非越快越好。不允许高速挡直接启动,以免磁子不同步。当体系阻力较大时(如有固体等),过高的转速会使磁子原地打转。如果发现搅拌效力不够,首先检查搅拌电机是否正常,然后检查磁

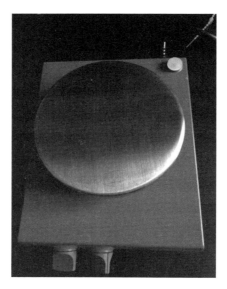

图 3-12　电磁搅拌器

子的磁性强弱。

　　要留意电源线不能搭在加热面板上,否则会导致电线被烧焦或烧断。也不要尝试用手触及加热面板,以免烫伤。使用完毕,擦拭干净,在干燥处存放。

3.13　气流烘干器

　　气流烘干器是实验室常用的干燥玻璃仪器的设备,使用时将玻璃仪器倒扣在气流烘干器的金属吹风管上,冷、热气流深入玻璃仪器的内部,以气流带走仪器内壁的水分,从而能够快速干燥玻璃仪器,并具有节能、不积存水渍、使用方便、维修简单、价格便宜以及可以同时干燥多件玻璃仪器等优点(图3-13)。

图 3-13　气流烘干器

操作及注意事项：

（1）将洗干净的玻璃仪器放到合适的吹风管上面。开启电源开关，先吹冷风，再打开热风开关。

（2）烘干之前玻璃仪器不要带大量水，否则不但烘干效率低，而且有可能导致仪器发生短路。

（3）当玻璃器皿被烘干后，先将温度设定钮旋至低挡，并关掉热风开关，等玻璃器皿被吹凉后取下，并确认吹出的气流为冷风时再关闭电源开关，切断电源。

（4）严禁直接关闭开关，以免剩余热量滞留于设备内部，易烧坏电机和其他部件。

（5）不宜烘干用丙酮等易燃液体刚刚洗涤过的仪器。

3.14 光化学反应仪

近年来光化学合成应用发展非常迅速。它的特点是利用可见光源或紫外光源的光能进行分子内重排或与其他分子进行反应。光化学反应过程可分为光还原、光二聚、光加成、光氧化和光重排等。

实验室中光化学反应仪(图 3-14)常用的紫外线光源是汞弧灯。汞弧灯是封装有汞的、两端有电极的透明石英管,通电加热

图3-14

图 3-14　光化学反应仪

灯丝时,管内的汞蒸气受到激发跃迁至激发态,由激发态回到基态时即发射紫外光。管内汞蒸气压力不同,所发射的紫外光也具有不同的光谱。

实验室常用的汞弧灯也称为高压汞灯(图 3-15),此灯中的汞蒸气压力为 105 kPa,约为 1 个大气压。其发射的波长主要为 365 nm,其次是 313 nm、303 nm。使用注意事项如下:

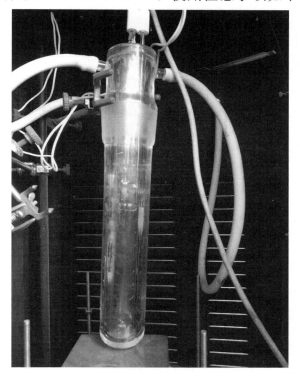

图 3-15　高压汞灯

(1) 汞灯高温工作时的紫外线会伤害眼睛和皮肤,且急冷或遇水容易炸裂而引起汞蒸气外漏,因此使用前必须做好防护及应急预案。

(2) 光化学反应装置内部温度很高,附近不得放置溶剂等易燃物品。严格控制反应体系的总量,量大时建议分次进行,每次反应体积不超过 50 mL。

(3)使用汞灯或氙灯做实验时,应将光源放置在石英冷阱内。

(4)使用前应检查低温循环中冷却剂是否充足,电源线、冷却水管是否破损、脱落,温度设置是否恰当,冷却风扇是否能正常运转。电源线外皮和橡胶水管等在高温和紫外光条件下极易老化损坏,有时新换的橡皮管在一次光照实验未结束就可能会损坏而跑水或电线短路,因此要提高警惕。建议用锡箔纸把电线和橡皮管包上一两层增强保护以免实验过程中出现跑水、短路、炸裂等意外发生。

(5)实验过程中要戴防紫外线的专用防护眼镜,尽量缩短观察时间,定时检查暗箱内是否正常,开箱前务必关闭光源并冷却至室温。

(6)安排好反应时间,不可反应过夜。

3.15 微波消解仪

消解仪是一种常用的样品前处理设备,按自动化程度可以分为半自动消解仪和全自动消解仪;按照原理又可以分为电热消解仪、微波消解仪、红外消解仪等。传统的加热设备如电热板、电炉等,因温度控制精度不高、样品受热不均匀、样品消解程度不统一、环境污染严重、消解元素易损失等问题,已逐渐被其他消解设备如微波消解仪、全自动消解仪等取代。

微波消解仪所需样品量小,消解过程快速完全,应用广泛。微波消解的使用必须严格按照规程,任何不规范的操作,都会存在一定的危险性。消解罐具有密闭性,在样品与酸的反应过程中,内部分子间产生的剧烈振动和碰撞,会使罐内温度升高,罐内压力增大,压力过大时消解罐会发生变形甚至破裂,引发安全隐患。下面以实验室常用的一款微波消解仪为例介绍如下：

1. 操作规程

（1）检查仪器是否运行正常。检查转子是否干净，确定容器已经清洗。

（2）称量待消解的样品，称样量要适量，内插罐≤0.1 g，内罐≤0.5 g。

（3）在通风柜中，加入消解用试剂，单用内罐时总试剂量要求至少 8 mL，内插罐一般 2 mL 以内。内罐的盖子上有压力安全阀，拧上内罐盖之前要把盖子上的安全帽打开，检测防爆垫片是否完好。确认完好后，再拧好安全帽。盖好罐盖，插入外罐中，放上安全弹簧片，再放入转子架中，架子定位到工作台上，用力矩扳手旋转架上螺丝，听到"嘎"的一声，表示到位。为了保证转子能稳定旋转，在消解较少量样品时，可放入空架到转台上。主控罐插入温度传感器后放在架台的 1 号位置，并连接。确认温度传感器不会扭曲，再连接压力传感器。压力传感器是通过一个导管连接到主罐上的，使用前要用去离子水确认导管是通畅的，即从导管的一端注入去离子水，可以看到导管的另一端有水均匀流出。

（4）关上仪器炉门，根据样品情况，编写或调出仪器运行程序。按 START 键，开始程序。

（5）结束后，待罐体冷却，才能打开罐盖。一般情况下温度到 45 ℃以下时开盖。为了适合分析，进行蒸酸或定容。清洗容器。

2. 禁用情况

下述情况请勿使用消解装置：仪器炉门破损或炉门无法锁定时；没有放入转环及玻璃转盘时；装置内无消解物品时；消解罐为空时；消解罐内只装清水时。

3. 注意事项

（1）加入酸与液体的体积，只用内罐时至少 8 mL；用内插罐时 1 mL 左右（皆少于罐容积的 1/3），同时内罐中都要加入 5 mL 去离子水和 1 mL 双氧水。

（2）微波消解过程中，最大使用 80% 的加热功率；如制样罐少于 4 只时，要使用 50% 以下功率。严禁用高氯酸进行消解。严禁用含有机溶剂或挥发性成分的样品进行消解。如要消解，应先水浴挥干。

（3）同一批次的消解样品应性质相同。1 号主控罐中应加入样品。主控罐一定要安装在正对操作者的位置。方法设置中一定选 TWIST 选项。

（4）主控罐要先泻压再拔掉压力传感器。清洗内罐和内插罐时禁用毛刷，可用棉棒擦拭。外罐要注意防酸腐蚀。温度传感器，要轻拿轻放。放置支架时应均匀间隔距离，平衡放置。

（5）使用时请勿遮盖仪器炉体，以保持散热。不得将任何金属物品放入仪器炉内。为防止空载时启动装置而造成损坏，可将玻璃杯装水放入炉内，需使用装置时拿走。戴上纱布手套，防止烫伤。

4. 维护和保养

（1）断电维护：清洁、保养或维护装置时，应将电源插头拔离插座，以免触电。

（2）炉腔清洁：应经常保持炉腔清洁，以达到最佳的样品消解效果。如炉内有溅出物，可用软布擦干；如太脏，须用软性洗涤剂擦拭。

（3）仪器炉门保养：炉门四周凝聚有水滴是正常现象，可用软布擦净，应经常保持门封干净，定期查看门锁钩是否干净完好。

（4）仪器炉体表面清洁：请用软性洗涤剂和温水清洗，再用软布擦净。勿让水滴渗入炉缝或通风气道，控制面板仅可用湿软布擦净，不宜用清洁剂等水溶液清洗。

3.16　热风枪

热风枪是一种类似家用电吹风的功率大、风口温度高的加热工具，多数依靠电炉丝加热。

有些无水无氧实验要求对玻璃仪器进行除水操作，通常推荐在烘箱里 80 ℃下烘半小时后趁热放入保干器冷却，再以真空油泵抽真空、氮气洗，再以反复多次抽洗的方式来除水除氧。

如果使用热风枪进行除水操作，应该注意正确的操作方法：

（1）使用中应严格按照说明书进行。使用时先将热风枪插头插在与其功率匹配的电源插座上。

（2）根据需要调整风速和设定温度，不得长时间加热，加热中人不得离开。

（3）热风枪的头部温度最高可达 650 ℃，要求佩戴耐热手套操作使用。

（4）使用中确保周边没有易燃物品。

（5）使用完毕，务必关闭开关、拔掉插头，并按图 3-16 所示稳妥放置于大小合适的铁圈中冷却。

（6）热的热风枪应远离溶剂废液等，以防失火。

3.17　冷冻干燥机

冷冻干燥是将含水物质先冻结成固态，并使水分从固态升华成气态而直接除去。与加热干燥的方法相比，可以最大限度保持样品的形貌和性状，被广泛应用于生物工程、医药工业、食

图 3-16　妥善放置热风枪

品工业、材料科学等领域。冷冻干燥机(简称冻干机)由制冷系统、真空系统、加热系统、电器仪表控制系统组成。

1. 冻干机的使用方法

（1）取下冷冻干燥机的有机玻璃罩,检查冷阱腔内是否有液体。若有,清洁干净。

（2）拧开排水阀门,排出残留的水,然后拧紧排水阀门。

（3）检查冻干腔与冷阱表面接触的地方是否密封,必要时清洁冷阱表面及冻干腔的密封圈。

（4）启动制冷机,预冷 20 min 以上。预处理样品,使之完全冻结成冰。

（5）将样品放入样品架，盖上有机玻璃罩，关闭充气阀，并启动真空泵。

（6）使用完毕后，慢慢旋开充气阀，恢复常压后再关油泵。

（7）取出样品。等冷阱中的冰完全融化后，拧开排水阀门，让里面残留的水流出，并清理冷阱腔内液体。

2. 冻干机使用注意事项

（1）经培训后方可使用。

（2）样品必须完全冻结成冰，如有残留液体，会造成气化喷射。

（3）启动真空泵以前，检查排水阀内和冷阱腔内是否存在液体。如有液体，需清理干净。

（4）一般情况下，真空冷冻干燥机不得连续使用超过 48 h。

（5）使用完毕后，先打开充气阀，恢复常压后再关油泵。

（6）经常检查油泵，油泵周边不要摆放易燃物品或试剂。

3.18　酒精灯

在生物实验室无菌操作过程中经常会使用酒精灯。使用酒精灯需要经过严格培训并需经过指导老师认可。

使用注意事项：

（1）在禁止明火的实验室中不准使用酒精灯。使用酒精灯时应确认周围没有高度挥发性的溶剂、废液桶等危险源。

（2）使用中绝对禁止用酒精灯给另一酒精灯点火，以防意外。

（3）使用完毕应及时用灯帽盖灭，不可用嘴吹灭。灯内酒精少于容积 1/4 以下时应及时补充，防止灯内余下的酒精因受热膨胀喷出与空气形成混合气而引起爆炸。

（4）确保灯芯长度合适，灯内灯外灯芯均不能过短，灯外灯芯不得过长。不建议使用玻璃材质的酒精灯,最好用不锈钢材质的酒精灯(图 3-17)。

（5）如果酒精灯长时间连续使用,极有可能使灯体过热导致灯内酒精气化而随时喷出来引起火灾。平时应常备湿的抹布或灭火毯以防意外。

图 3-17　不锈钢酒精灯(图片来自网络)

3.19　油浴锅和电加热套

油浴锅和电加热套是实验室常用的加热设备,多数情况下需配合电磁搅拌器使用。

油浴多采用亚麻油、蓖麻油、甘油、硅油等,一般加热温度为 100～250 ℃。加热烧瓶时,必须将烧瓶浸入油中。应在通风良好的通风柜内使用,远离火源,远离易燃品。注意油浴的液位,预防高温溢出现象。

普通油浴的缺点:温度升高时会有油烟冒出,达到自燃点着火燃烧,明火也可引起着火,长时间使用后易老化、变黏、变黑,此时应该更换油浴。

　　为了克服上述缺点,可使用硅油。硅油又称有机硅油,是由有机硅单体经水解缩聚而得的一类线性结构的油状物,一般是无色、无味、无毒、不易挥发的液体,性质稳定,但价格较贵。更换下来的废硅油,请提交给有资质的厂家进行处理。

　　另外,加热浴中除水浴、油浴外,尚有沙浴、合金浴(图 3-18)和空气浴等。不建议用结晶皿做油浴,如其材质不是硬质玻璃,不耐骤冷骤热,容易炸裂。底部如不平,受热不均匀,可能导致油浴局部温度过高,存在较大的安全隐患。请购置不锈钢的油浴锅(图 3-19)。

图 3-18　合金浴

电加热套(也称电热套)由耐热纤维包裹着电热丝编织而

图 3-19　不锈钢油浴锅

成,加热和蒸馏易燃有机物时,具有不易引起着火、热效率高的优点。加热温度可用调压变压器控制,最高加热温度可达 400 ℃左右,是有机实验中一种简便、较为安全的加热装置。

电热套的容积一般应与被加热烧瓶的容积相匹配,当用它进行蒸馏或减压蒸馏时,随着蒸馏的进行,烧瓶内物质逐渐减少,这时会使瓶壁过热,造成蒸馏物被烤焦的现象而影响蒸馏结果,因此使用时需注意温度的控制。

烧瓶与电热套的距离应适宜,不宜紧贴,也不可过远(热效率低)。应小心操作,不要将化学试剂洒到电热套内;也要留意冷凝水,不要滴落到电热套里,以免引起短路。

3.20　手套箱

现在愈来愈多的实验室配置了手套箱。它通过通入高纯惰性气体(多数用 99.999% 高纯氮气,有的用高纯的氩气甚至氦气),反复置换箱体内原有或新生的活性物质,实现无水、无氧环境。

手套箱的日常维护保养非常重要。

1. 手套箱使用注意事项

（1）指定管理人。由管理人对手套箱及箱内物品经常进行检查，有不懂的及时向售后工程师请教。将管理人和售后工程师的电话号码张贴在手套箱的显眼部位并用宽透明胶带封贴，便于及时联系使用。

（2）未经培训的人员不得使用手套箱，非本单位人员未经批准不得使用手套箱，使用前必须预约。

（3）手套箱是一个操作空间。所有的人员必须明确，非必需的物品不得长时间存放在手套箱内侵占有限的操作空间。

（4）临时存放的任何试剂、样品均须盖紧内外盖并密封好，贴好标签。不得出现无标示或标示模糊不清的情形。

（5）不管打开内门还是外门，都必须保证门两边的气压基本平衡。否则，要么打不开，要么发生"气爆"现象。

（6）在对箱体内抽气与充气时，也必须保证三通阀处于打开状态，即保证手套内外的气压相等。否则，手套会膨胀爆裂。

（7）箱体出现漏气，应首先检查过渡室门是否关紧和手套口是否破损。如还有漏气，请检查真空表座、阀门和两个门上的"O"形圈及真空橡皮。过渡室门与手套口门上的"O"形圈要定期更换。

（8）对系统抽气时，缓缓打开阀门，并随时注意手套的变化。如出现异常，应减慢抽气速度；如仍不能解决问题，应停止抽气，检查三通阀是否打开。

（9）每一个手套箱都要建立风险评估和应急预案制度，并张贴于墙上。时刻必须考虑到爆仓或瘪仓使箱内怕水怕氧的物品暴露而引起着火爆炸事故的情形。

（10）手套箱里不可进行加热操作。

（11）使用注射器等尖利物品时须小心，以免戳破手套导致进氧进空气的事故。

2. 手套箱的清洗和再生

手套箱使用一段时间或者误操作后往往性能下降，水氧含量超标，需要进行清洗或再生处理。处理过程中应严格按照厂家的指导手册进行。尽量安排周末人少的时候处理。

（1）适时将出气口连接到通风柜内，并开启排风。

（2）再生前确保管线畅通，气阀开合严格按照操作规程进行。

（3）给净化柱通气、排气期间注意压力表的示数，一旦异常，必须立即停止。

（4）循环过夜期间应在手套箱和实验室的大门上张贴提醒和警告标识，并通知所有相关人员。

（5）对于干燥剂和铜触媒等退役的物品，供应商能回收的尽可能联系供应商收回，不能回收的应在厂家指导下处置，严禁擅自丢弃。

3.21 旋光仪

旋光仪是一种能用来测定光学活性物质旋光能力大小和方向的仪器（图 3-20）。

使用旋光仪应注意：

（1）仪器预热、使用时要把防尘布完全拿开，使用完毕需待光管完全冷却后再盖好防尘布。仪器尽量放置于干燥、通风的实验室，湿度不要太高，以免光学零件受潮损坏。

（2）玻璃样品槽取拿时要小心，以防液体滴漏在仪器内部。如果垫片老化，应及时更换。

图3-20

图 3-20　旋光仪

（3）测试腐蚀性液体后，应及时清洗。不要把腐蚀性的液体滴到仪器的外壳塑料或仪器内部，以免损坏仪器外形和箱体。

（4）旋光仪的汞灯或钠灯点亮期间不要人为打开光路开关，以免损伤眼睛。

（5）严禁擅自拆装仪器。若仪器发生故障，应及时报修。

3.22　超速离心机

离心机是借离心力分离液相非均一体系的设备。根据物质的沉降系数、质量、密度等的不同，用强大的离心力使物质分离、浓缩和提纯的方法称为离心。转速在 30000 r/min 以上的离心称为超速离心。因超速离心速度非常快，要求样品质量一定要严格配平，且保证超速离心机腔室干净。初次使用者必须要先经过培训。

1. 使用前

（1）检查转头和机盖是否干净，有无划痕、变形和破损；密封圈是否完整,有无老化,若不完整或者老化,及时更换。检查所用离心管的质量。

(2)必要时在密封圈上抹真空密封脂,在转头螺纹上涂润滑油。

(3)根据样品需求选择是否预冷转头与离心腔。

(4)配平样品。

(5)根据需要选择转头和离心管,根据离心管的大小适量加样。装完样品的离心管必须把管子外壁擦干,再放入转头腔内。对应离心管中溶液应等质量,并对称地放入转头内。

(6)使用水平转头时吊桶须对号入座,必须挂上所有的吊桶。离心样品对称放置,其他的吊桶空置。没有装样品的水平吊桶严禁放入空样品管,运行前务必检查所有的吊桶,确保摆放正确。

2. 使用后

(1)清洁离心机腔体和转头。

(2)如有样品外漏,需用中性洗涤剂清洗转头,并用清水冲洗干净,再将转头倒置晾干。

(3)将所有的离心管和适配器从转头中取出,并将转头从离心机中取出,存放在固定的位置。

(4)关机,登记使用人、使用时间、交换位置及仪器状态。如有问题,及时联系仪器负责人。

3. 离心机日常保养要求

(1)如离心管盖子密封性差,液体就不能加满(针对高速离心且使用角度头),以防外溢。外溢的后果是会污染转头和离心腔并失去平衡,影响感应器正常工作。

(2)超速离心时,液体一定要加满离心管。因超离时需抽真空,只有加满才能避免离心管变形。

（3）使用角度头时别忘盖转头盖。如未盖,离心腔内会产生很大的涡流阻力和摩擦升温,这等于给离心机的电机和制冷机增加了额外负担,影响离心机的使用寿命。

3.23　紫外灯

波长 $10\sim400$ nm 的光线称为紫外线,不能被肉眼所见。研究表明,紫外线主要是通过对病原微生物(细菌、病毒、芽孢等病原体)进行辐射损伤、破坏核酸使微生物致死,从而达到消毒的目的。对霉菌和细菌芽孢的杀菌效果较差,常需配合其他的消毒方式来加强杀菌效果。

波长在 $240\sim280$ nm 范围内的紫外线对微生物极具杀伤力,尤其在波长为 253.7 nm 时紫外线的杀菌作用最强。但是,也正是由于紫外线对细胞内的脱氧核糖核酸(DNA)造成不可逆转的改变,会使经过紫外线照射的皮肤细胞有发生癌变的可能。

一般情况下只要在紫外线强度范围,紫外线杀菌灯(也称紫外灯)几秒钟就能把细菌、病毒杀死,个别细菌、病毒需要十几秒钟才能杀死。紫外灯与日光灯、节能灯发光原理一样,灯管内的汞原子被激发产生汞的特征谱线。低压汞蒸气主要产生 253.7 nm 和 185 nm 紫外线。波长 253.7 nm 的紫外线很易被生物体吸收,使 DNA 遭到破坏而导致微生物死亡。波长 185 nm 的紫外线与空气作用可产生有强氧化作用的臭氧,也可有效地杀灭细菌。紫外线杀菌属于纯物理消毒方法。

紫外线的强度随着光源距离的平方而降低,另外紫外线穿透能力很弱,所以必须靠近被处理的物质。对于大的开放区域的空气消毒是无效的,它只适用于局部或小区域消毒。紫外灯的安装应该离地 1.8～2 m 左右,一般可以每 7～10 m² 空间安装一支 30 W 的紫外线杀菌灯。

紫外灯使用须知:

(1) 目前紫外灯多是采用低压汞蒸气气体放电,这种紫外灯有启动时间,一般要 3～5 min 才能达到最好的杀菌效果,所以正常杀菌都需要 5 min 以上。如果是物体表面消毒,最好在15～30 min 之间。如果是想把空气中的细菌、病毒杀死,根据房间面积消毒时间控制在 30～120 min 之间。对于洁净间消毒来说,照射 30～60 min 即可。

通常来讲,每天早晨在洁净间使用前提前 30～60 min 由负责人员打开紫外灯照射足够时间,然后关闭紫外灯,打开通风装置,将空气中的臭氧排除干净即可安全使用。

(2) 紫外灯灯管表面的污垢会影响紫外线的穿透力,从而影响杀菌效果。因此,要保持灯管的清洁,至少每周用 75％的乙醇擦拭 1 次。

(3) 紫外灯的寿命有限,通常紫外灯的有效寿命一般为1000～3000 h,有的低压高能灯管使用时间可达 8000～12000 h,中压灯管可达 5000～6000 h。因此,应建立记录和定期检查。另外,紫外灯关灯后立即开灯,会减少灯管寿命,应冷却 3～4 min 后再开;紫外灯可以连续使用 4 h,但通风散热要好,以延长灯管寿命。

(4) 由于紫外线的穿透能力差,紫外灯不能加防护装置。应打开所有的柜门、抽屉等,以保证室内所有空间的充分暴露,都得到紫外线的照射,消毒尽量无死角。

(5) 在紫外线消毒期间,人员不要在房间内停留、走动,以防影响效果。注意紫外线对人的眼睛和皮肤极为有害。

(6) 紫外线的长时间照射会加速一些物体的老化,如墙体发黄、塑料老化等等,因此特殊物品需要遮盖,比如移液器、显微镜等。

（7）因为含有汞，淘汰的紫外灯不能随意丢弃，应按专门的途径单独回收处理。

3.24　红外灯

红外灯（图 3-21）加热原理是辐射传热，由电磁波传递热量，主要用于实验室烘烤物品。按照波长可分为短波、中波、长波红外灯。实验室通常使用短波红外灯，其渗透力强，可使温度迅速升高，物品水分由内向外挥发而快速烘干。

图 3-21　改造后的红外灯

红外灯烘烤时应远离易燃物品、水源、水龙头，防止水溅到灯泡上。烘烤时间不可过长尤其不得过夜，被烘烤的物质不得易爆易分解。电线无护套或老化的红外灯不得使用。要留意灯座螺口处是否连接好。可以参考图 3-21 对红外灯进行加罩及电源线改造。

3.25　空调器

在实验室工作中,尤其是有中、大型仪器设备的实验室对环境温度比较敏感,需要安装空调器(空调)以控制标准室温。现在市面上有高精密度、恒温恒湿的专用空调用于机房,有防爆要求的房间可选择防爆空调。

空调器如果使用不当,也会引起火灾。主要原因是:电容器耐压值不够;受潮;电压过高,被击穿;轴流风扇或离心风扇因故障停转,使电机温度升高导致过热,从而引起短路起火;空调出风口被窗帘布阻挡,使空调机逐步升温,引起窗帘和机身着火;导线过细载流量不足,造成超负荷起火;等等。因此,在使用空调时应做到:

(1) 空调应配有专用插座且保证良好接地,导线和空调功率要匹配。通常需要单独走线。

(2) 空调周围不得堆放易燃物品,窗帘不能搭在空调上,要有良好散热条件。

(3) 空调开启后,温度不要调得太低,更不要长时间在太低温度下运行。门窗要关好,以提高空调使用效率。

(4) 常检查空调器元件,定期检测制冷温度,定期擦洗空气过滤网,出现故障及时排除。

(5) 定期清理室外机、散热片,清理鸟窝等杂物。

3.26 变压器

不少化学实验室还在使用各种类型的电源变压器,但有些方面使用不规范,存在安全隐患。使用中应注意以下问题:

(1)变压器应远离水源,例如最好不要放在通风柜内水嘴旁,以免溅上水引起短路。

(2)变压器的功率要和电器的功率一致或者略大一些。

(3)变压器电源进线上最好装上开关并接好指示灯,以提醒在电器使用完毕后及时切断电源。不要在变压器周围堆放可燃性物质。

(4)经常检查变压器在使用过程中的状况,如发现有异味或较大噪声,应及时处理。

(5)老旧的变压器及时报废,不能超期服役。

参考资料

[1] 北京大学基础课有机实验室仪器操作说明.

[2] 关玲,边磊,徐烜峰,等.中级有机化学实验课中"八化"管理模式的探索[J].实验室研究与探索,2019,38(8):156—159.

[3] http://chem.chem.rochester.edu/~nvd/pages/how-to.php? page=use_syringe

[4] 林建华,荆西平.无机材料化学[M].第2版.北京:北京大学出版社,2018.

[5] 张建敏.马弗炉温度自控系统的开发与应用[J].洁净煤技术,2008,14(5):91—92.

[6] 徐如人,庞文琴.无机合成与制备化学[M].第2版.北京:高等教育出版社,2009.

[7] 杨守臣.恒温干燥箱在烟草行业的应用与校准方法探讨[J].计量与

测试技术，2016,(10):58,59,62.

[8] 赵利军，杜炽旭，张广山.环境试验箱温度偏差分析及修正[J].环境技术，2018,36(6):21—25.

[9] 赵雯玮,刘吉爱,朱红波,等.全自动消解仪在分析领域的发展与应用[J].西藏科技,2015,11:79—80.

[10] https://wenku.baidu.com/view/70d4b80ca8956bec0975e379.html

[11] https://v.qq.com/x/page/r0385laov1r.html?

[12] 超速离心机供应商产品使用说明.

[13] 青志旺.如何正确使用紫外线灯[J].广西医科大学学报,2000,(S1):52.

[14] 李淑英,李曙奇.紫外线灯的合理使用[J].海峡药学,1994,(3):76.

[15] 北京大学化学与分子工程学院有机化学研究所,编.有机化学实验[M].张奇涵,等修订.第3版.北京:北京大学出版社,2015.

[16] 北京大学化学与分子工程学院实验室安全技术教学组,编著.化学实验室安全知识教程[M].北京:北京大学出版社,2012.

第 4 章 生 物 安 全

4.1 动物实验的注意事项

1. 动物实验原则

动物实验指人为地改变实验动物自身的因素或环境因素，观察并分析动物的变化及其规律，以探讨生命科学中的理论问题或实践问题的活动。动物实验必须由经过培训的、具备研究学位或专业技术能力的人员进行或在其指导下进行。实验中必须依照实验动物福利伦理标准，遵守实验动物福利原则，关爱实验动物，维护动物福利，不得戏弄、虐待实验动物。在符合科学原则的前提之下尽量减少实验动物的实验使用数量，减轻被处置动物的痛苦。对不再进行实验的活体实验动物应当采取尽量减轻痛苦的方式妥善处理。

首先，在实验动物的饲养中应使用正规标准实验饲养笼具，以防实验动物出现逃逸、卡死、卡上等情况。按时添水添饲料、更换垫料，减少环境污染，以防造成实验动物出现不必要的疾病和死亡。

影响动物实验的主要因素分为动物本身因素、环境因素以及实验误差。动物本身因素包括动物种属因素、品系因素、年龄因素、体重因素、性别因素、健康因素和生理状态因素。环境因素主要包括环境的温湿度、气流和风速、光照强度、噪声影响，饲养中的饮食、空间及饲养密度和饲养管理等方面，以及人为实验操作的实验设计和操作方式。

进行动物实验的实验设计时,应选用解剖结构、生理特点及某些特殊反应与实验所需相符合的实验动物进行操作。如:兔对温度变化极其敏感,易产生发热反应,是发热、散热及检查热原质实验的常用实验动物;猪的听力十分发达且耳蜗对噪声极其敏感,常被用于进行听力测试实验;等等。并依据动物生长发育的阶段特质、性腺发育和激素水平影响等因素来确定所使用实验动物的年龄(月/周/日)和性别。实验动物自身的清洁程度主要可分为:普通级、清洁级、无特定病原体级(SPF级)、无菌级等级别。应依据实验的要求和需要选取对应洁净级别的实验动物进行实验操作。在进入特定级别饲养环境进行实验操作时,应注意通过淋浴、穿着无菌服和使用风淋等操作完成自身消毒,物品传递应通过传递窗。正确按要求穿越走廊、缓冲间进入环境进行实验操作。

2. 动物实验操作注意事项

动物实验操作中应严格按照正规实验操作方法来进行。在防火、防毒、防爆、防触电、防辐射、防感染、防外伤等的基础上,还包括防止被动物咬伤、抓伤,防止动物的疾病、寄生虫传染,特别注意防止来自动物的气溶胶吸入感染。操作中一旦出现被动物咬伤、抓伤的情况应及时进行清洁预防治疗。做好个人防护,依据不同的实验动物进行安全服饰的穿戴,包括安全帽、眼镜、手套、服装和鞋袜等。

动物实验操作中为避免被动物咬伤且不伤害实验动物导致实验数据出现严重误差,应注意正确的操作方法。比如,大、小鼠的抓持、固定的正确方法是:打开盒盖,用右手抓住尾根并提起,放在表面比较粗糙的平面或盒盖上,轻轻向后拉鼠尾。用左手拇指和食指捏住小鼠颈部两耳之间的皮肤。翻转左手,掌心向上,将鼠体置于左手掌心中,用左手无名指和小指夹住尾根部,使鼠体成一直线,小鼠头部略低于尾部(图 4-1)。

图4-1

图 4-1 小鼠的抓持方法

需尾部操作时,将小鼠固定在特定的固定器中,或者反扣在适当大小的烧杯中仅露出尾巴进行操作。如有需要进行麻醉实验动物的实验操作,应严格监测实验动物的生命体征,保证实验中实验动物的生命状态,符合动物福利标准,遵守实验动物福利伦理原则。若使用有毒、有害及麻醉气体进行实验,应事先确认气体管道的气密性完好,避免气体外溢导致人员伤害。

实验后应将实验中取出的实验动物器官及处死的动物尸体进行妥善保管。如无须为后续实验保存,应按要求装入医用尸体回收袋内及时交付有关机构部门进行无害化处理。

不可以在缺乏条件的环境中长期饲养动物,需要在专门的动物房养殖动物。若提取样本等需要将动物挪至实验室,暂存时间不可超过 1 周,并且要认真保管,防止动物逃逸。

4.2　病原微生物

病原微生物又称病原体,是指能够使人类或者动植物感染疾病甚至引发传染病的微生物,通常包括细菌、真菌、病毒、支原体、螺旋体等。在生物化学实验室常见的病原微生物主要有细菌、真菌、病毒。感染真核细胞的病毒需要非常严格的实验环境,这里我们不作介绍,只讨论感染细菌的病毒——噬菌体。

1. 细菌

（1）菌种危险程度分类

根据传染性、感染后对个体或者群体的危害程度,我国将病原微生物分为四类,见表 4-1。

表 4-1　四类病原微生物

类别	危险性
一类	实验室感染机会多,感染后发病的可能性大甚至可能危及生命,缺乏有效的预防方法;以及传染性强,能够引发对人群危害性大的烈性传染病,包括国内未发现或虽已发现但无有效防治措施的菌种。如:鼠疫耶尔森氏菌、霍乱弧菌、黄热病毒等。
二类	实验室感染机会较多、感染后的症状较重,发病后不易治疗及对人群危害较大的传染病菌种,容易在人与人、动物与人、动物与动物间传播的微生物。如:布氏菌、炭疽芽孢菌、肉毒梭菌、麻风分枝杆菌、结核分枝杆菌等。
三类	仅具有一般危险性,传播风险有限,能引起实验室感染的机会较少,一般的微生物实验室采用一般实验技术能控制感染或有对之有效的免疫预防方法的菌种。如:葡萄球菌、链球菌、沙门氏菌、志贺氏菌、致病性大肠埃希氏菌、变形杆菌、李斯特氏菌和铜绿假单胞菌等。

（续表）

类别	危险性
四类	生物制品、菌苗、疫苗生产用各种减毒和弱毒菌种，以及不属于上述一、二、三类的各种低致病性的微生物菌种，通常情况下不会引起人类或者动物疾病。

通常实验室内可以不需做安全报备即可使用的细菌多为第四类菌种，致病性低，如果妥善处理，对环境可以完全不造成危险。在使用一、二、三类菌种时，一定要向所属单位报备，需要评估潜在的危害和实验室准备采取的安全措施，经过允许后才能使用。

（2）微生物实验室安全控制措施

① 进行微生物实验操作前务必穿戴好实验服、口罩、手套等必要的防护物品。

② 规范实验操作，避免皮肤直接接触菌液或者被微生物污染的仪器及物品表面。

③ 活菌液一定要用高压灭菌锅灭菌处理或者 84 消毒液消毒后方可丢弃。

④ 及时处理废弃或者用完的菌种以及被细菌污染的培养基和试剂。

⑤ 对超净工作台、生物安全柜以及其他表面可能被污染的仪器设备定期进行消毒杀菌，在实验室准备新配的 84 消毒液或者 75％的酒精备用。

⑥ 定期清理及更换水浴锅和灭菌锅里的水，尤其是在被活微生物或培养基污染时。

⑦ 将所有被污染的微生物废弃物放入特定的容器中以备灭菌，或者浸入消毒溶液中；传染物或污染物务必密封在有标识的容器中，否则不得从实验室运到其他区域。

2. 真菌

真菌是具有细胞核但没有叶绿体的一类有机体,为异养生物。真菌有着极强的繁殖能力,能产生孢子进行有性或无性繁殖,可分为蕈类、霉菌、酵母三大类。霉菌又称"丝状真菌",具有菌落形态较大,外观干燥,菌落正反面的颜色不一致等特点,其中曲霉被广泛应用于酿造业和食品加工业,由于其能够产生丰富的次级代谢产物以及具有优越的蛋白表达及翻译后修饰的能力,已经成为实验室进行科研活动和工业发酵生产的重要研究对象。

(1)几种常见的曲霉

① 米曲霉

米曲霉(图 4-2)是曲霉中的常见物种,也是发酵工业中的重要物种,可产生蛋白酶、淀粉酶、纤维素酶等。米曲霉通过孢子繁

图4-2

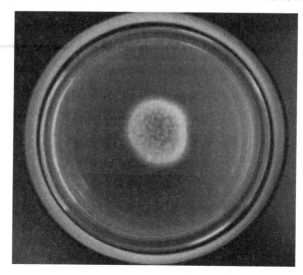

图 4-2　米曲霉

(http://985.so/kLbv)

殖,菌落在培养之初呈黄白色,后转变为淡绿褐色至深褐色。米曲霉是我国传统酿造工业中用来生产食品酱和酱油的菌种,也会引起粮食等工农业产品霉变。由于米曲霉全基因组信息的破译以及具有强大的翻译后修饰的功能,在实验室中常用来表达真核生物来源的蛋白以及研究次级代谢产物的合成及代谢通路。

② 黄曲霉

黄曲霉(图 4-3)是一种常见好氧型腐生真菌,是人和动植物的共同病原菌,具有良好的耐热性,多见于发霉的粮食及其他霉腐的有机物上。黄曲霉菌落生长较快,由于其缺少宿主特异性,所以分布较广。黄曲霉毒素是黄曲霉产生的一种可诱发肝癌的次级代谢产物,严重的话甚至会造成死亡,被世界卫生组织划定为一类致癌物。

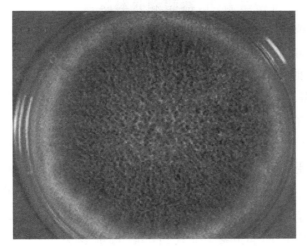

图4-3

图 4-3 黄曲霉

(http://985.so/kLb9)

③ 黑曲霉

黑曲霉(图 4-4)也是发酵工业中常用物种,其繁殖方式为无性生殖,通过降解自然界中的有机质并吸收其中的营养物质而生长。黑曲霉广泛分布于世界各地的植物性产品、土壤和粮食中,可生产纤维素酶、果胶酶、有机酸等,具有很强的外源基因表达及修饰能力。黑曲霉容易在高温高湿的环境下快速繁殖,引起衣物发霉和果实腐烂。除此之外,黑曲霉还可导致免疫力低下的患者产生真菌感染。

图4-4

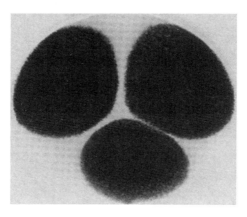

图 4-4　黑曲霉
(http://985.so/kLc6)

④ 烟曲霉

烟曲霉(图 4-5)也是一种重要的致病菌,其对一般的抗生素均不敏感,是曲霉中致病力最强大的菌株。烟曲霉可寄生在肺内引起肺结核,严重可致死。烟曲霉嗜高温,在粮食发热霉变的后期大量出现而引起粮食的败坏,且可引起免疫缺陷患者的眼、鼻、肺部等部位的感染。

(2)真菌污染的预防措施

培养真菌的实验室一般要与培养细菌以及细胞的实验室分隔开;废弃或用完的真菌要灭菌处理后方能丢弃,一般需用高压灭菌锅 121 ℃处理 30 min 以上;灭菌锅内的水需要定期更换,

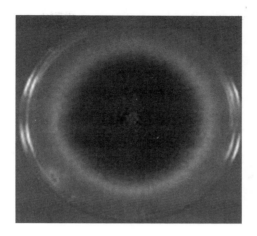

图4-5

图 4-5 烟曲霉

(http://985.so/kLcC)

灭菌锅也需定期清洗;被真菌污染的培养基要及时处理;超净工作台和摇床要定期进行紫外灯照射、75%的酒精擦拭和消毒等操作。由于真菌的主要繁殖方式是孢子,孢子可随空气传播且繁殖能力较强,所以实验操作一定要谨慎规范,避免交叉污染。

3. 噬菌体

噬菌体是指能够引起宿主菌(细菌、真菌、螺旋体等)裂解的微生物病毒的总称,由蛋白质外壳和核酸组成。噬菌体污染是微生物实验室常出现的状况,其必须在活菌内寄生,可通过除菌滤器,且有严格的宿主特异性。噬菌体的特异性取决于其表面的吸附器官和宿主表面受体的互补结合能力,并且也在不断地变异和进化,一个菌株使用时间太长,就容易出现该菌种的噬菌体。噬菌体侵染细菌的过程分为感染、增殖、成熟三个阶段。

(1)噬菌体的危害

噬菌体的危害主要存在于发酵工业。在乳制品、酶制剂、抗生素发酵生产时一旦发生噬菌体污染,就会导致发酵减慢、产物无法积累、倒罐等现象的出现,使工业生产遭到严重损失。因此在微生物的发酵工业中,必须采取一定的措施来预防和减少噬菌体污染造成的损失。

(2)噬菌体污染的特征

菌体生长缓慢或停止生长,肉眼可见发酵液逐渐变清;耗糖速度减慢或停止,产物生成不增加或者减少;菌液摇动时产生大量泡沫,发酵液黏稠;菌体不规则甚至出现畸形;离心后的菌体明显被裂解,颜色变黑;用敏感指示菌作平板检查时,固体培养基上可见大量噬菌斑。

(3)噬菌体的防治措施

① 不使用可疑菌种。如果发现噬菌体污染,应立即停止生产,将噬菌体接触过的所有物品和样品灭菌,对摇床、发酵罐及整个实验室进行全面杀菌消毒;必要时需一段时间内停止菌株培养及发酵工作。

② 做好环境的清洁和消毒;使用完的菌种及时处理,保证干净、干燥的工作环境。

③ 加强管道和发酵罐的灭菌;严禁任意排放活菌。

④ 轮换使用菌株;不断选育抗噬菌体的菌株。

⑤ 注意排气通风,保证通风质量;避免不规范操作,建立"防重于治"的观念。

4.3　生物实验室安全事故应急措施

(1)手套被污染时应立即用消毒剂喷洒手套,然后脱下手套放入黄色垃圾袋内统一灭菌,并更换新手套继续实验。操作高致病性病原微生物时应该佩戴双层手套。

(2)衣物污染应尽快脱掉最外层防护服,并注意防止感染性物质进一步扩散。将已污染的防护服放入黄色垃圾袋内待高压灭菌。脱掉手套到污染区出口处洗手,更换防护服和手套,必要时对发生污染及脱防护服的地方进行消毒处理。

（3）感染性液体(血液、尿液标本或培养物)外溢到皮肤时,应立即停止工作,脱掉手套,用75％的酒精进行皮肤消毒并用大量水冲洗。感染性液体溅入眼睛,应立即停止工作,脱掉手套,迅速到缓冲区用洗眼器冲洗,再用生理盐水冲洗。

（4）问题严重的需要及时就医。致病性病原微生物扩散造成人员或环境污染后联系防疫部门及时处理。

4.4 真核细胞培养中的操作安全

1. 生物安全性等级

在生物实验室的操作过程中,实验涉及的病原体及其他毒素可能对人类健康造成危害。根据不同物质的传染性、致病严重性、可遗传性以及实验工作的性质,生物实验室的安全防护等级划分为四类,分别为生物安全1、2、3、4级,并规定了每个等级对应的操作内容、所需的防护设备以及应当采用的安全措施。

（1）生物安全1级(BSL-1):适用于对健康人类不会造成危害的物质。BSL-1的实验操作可以在开放的实验台上进行,不需要特殊的防护设备以及实验环境,但操作者需要接受关于实验操作的培训,并在专业人员的指导下工作。

（2）生物安全2级(BSL-2):适用于经口、皮肤或黏膜接触可能造成人类疾病的中等危险程度的物质。操作者需要接受致病物质相关操作的培训并由专业人员指导,实验进行期间实验室限制进入,可能产生感染性气溶胶或液体飞溅的操作需要在生物安全柜或其他防护设备中进行。常见的真核细胞培养要求的安全防护一般是 BSL-2,如果实验涉及危险性较高的物质,可能需要提高防护等级。

(3)生物安全 3 级(BSL-3):适用于可经由空气传播的、可能造成严重疾病或引起生命危险的物质。操作者需要接受致病和可能致命物质相关操作的培训并由传染性物质操作的专业人员指导,所有涉及传染性物质的操作都要在生物安全柜或其他防护设备中进行。

(4)生物安全 4 级(BSL-4):适用于可经由空气传播的、可能造成致命且无法治疗的疾病的外来性物质。操作者需要熟练接受高度危险传染性物质相关操作的培训并由专业人员指导,安全防护需要采用 3 级生物安全柜或正压防护服。

2. 防护设施

(1)个人防护设备

细胞培养实验室基本的防护设备包括实验服和手套。操作者进入实验室时应穿着实验服并佩戴手套,扎起长发;离开时应将实验服、手套留在实验室内并洗手,不能将被污染的实验服、手套带入洁净区域。实验开始前及实验过程中应使用 75% 酒精喷洒手套表面,以避免细菌污染培养物及试剂。如果实验过程中需要接触可能携带传染性物质的样品和仪器,应佩戴两层手套,若外层手套受到污染,立即丢弃。如果需要在生物安全柜外操作传染性物质,应佩戴护目镜及口罩或防护面罩,以防液体飞溅。如果需要使用液氮冻存细胞,也应佩戴护目镜。

(2)实验设备及操作环境

细胞培养实验操作区域应当有带锁的门与公共区域隔离,实验室应配备水槽、洗眼器、喷淋器以及灭菌锅。实验使用的仪器和耗材在带进实验室之前需经过灭菌锅灭菌处理,沾染传染性物质的垃圾也需灭菌后方可丢弃。所有操作区域及仪器均需定期清洁并用紫外灯照射灭菌。

　　涉及传染性物质的操作应在生物安全柜中进行(图 4-6)。生物安全柜将柜内的空气向外抽出,在内部形成负压,可以保护操作者不受传染性物质的伤害,同时利用高效空气过滤器(HEPA)过滤排出的空气以保证传染性物质不会进入外部环境。生物安全柜通常分为三个等级:1 级生物安全柜能够用气流保护操作者和外部环境不受污染,但不能保护内部的样品;2 级生物安全柜能够用气流保护操作者和外部环境不受污染,也能保护内部样品;3 级生物安全柜是气密的,能够完全隔绝内部的样品和外部的操作者。BSL-2 需要使用生物安全柜,最好应达到 2

图4-6

图 4-6　生物安全柜

级。

生物安全柜的气流稳定对于防护效果非常重要,根据仪器自身要求,其安装位置应该与墙面和天花板保持一定距离,前窗不能正对实验室的门窗或人员往来的通道。使用当中必须将前窗拉到指定的高度,手和样品尽量伸入台面内侧,减少挥发性样品的扩散和外部空气对样品的污染。使用结束后应使用 75% 酒精清洁安全柜内部,拉下前窗到指定高度,并打开紫外灯对台面进行灭菌,打开紫外灯时禁止拉开前窗,避免紫外线照射人体。操作过程中出现液体洒漏时应立即使用 75% 酒精清洁。

3. 实验操作

(1)基本原则

实验开始前,用 75% 酒精清洁手套外部、安全柜内部以及使用的试剂瓶表面、仪器表面等。确保需要使用的仪器、试剂及耗材全部准备就绪,清洁后放入安全柜再开始实验。

实验过程中,使用已灭菌移液管或枪头吸取液体,使用过的移液管或枪头立即回收或丢弃,沾染了液体的部分不要碰触任何仪器或样品表面,避免交叉污染。打开细胞培养容器和试剂时,不要用无菌移液管或枪头之外的物品接触或经过其上方,操作完成后立即盖上盖子,以避免细菌污染。打开盖子时将其开口朝下放置在台面上。操作过程中尽量保持动作轻柔有力,避免液体飞溅、洒漏,操作传染性物质时需要特别小心。实验过程中不要说话,特别是不要面对打开的细胞培养箱和生物安全柜说话。实验结束后用 75% 酒精清洁安全柜内部以及使用的试剂瓶表面、仪器表面等。沾染了液体的容器、移液管、枪头等废弃物均需单独处理;接触过传染性物质的容器、移液管、枪头、注射器等需要进行高压灭菌,或用 84 消毒液或铬酸洗液浸泡后方可丢弃或回收;利器和碎玻璃在消毒后回收到专用容器;含有传染性物质的废液需用 84 消毒液或高温灭菌处理后倒入废液桶。

（2）细胞冻存及复苏

培养细胞可以保存在液氮中达到数年时间，这一过程需要首先将细胞冻存在液氮中，在使用时再进行复苏。−80 ℃低温冰箱以及液氮均可能造成冻伤，因此操作时必须佩戴棉线手套，穿着长袖实验服、长裤及不露出脚面的鞋。操作液氮时，还应佩戴护目镜以防止液氮飞溅以及冻存管爆裂。液氮中的样品应用镊子夹取，不能直接用手接触。细胞复苏时需要将液氮或−80 ℃低温冰箱中的冻存管取出，迅速置于 37 ℃水浴升温。从液氮中取出的冻存管内部可能带有液氮，如直接加热会发生爆裂，因此在加热前必须先拧松瓶盖释放内部的液氮。

存放液氮的房间需要保持通风，避免氧气浓度降低造成操作者窒息。盛装液氮的容器需定期检查，如发现液氮耗损速度过快、容器破损、表面结霜等现象，应立即停止使用。

4.5 全血和成分血的使用

在研究血液中的细胞或者血浆中的成分时，需要用到全血或者分离的成分血。在采集和使用血液或成分血时，一定要采取足够的安全措施，避免和消除血液传播疾病的发生。

1. 血液和成分血的来源

（1）个人献血。实验用血量小、次数少的时候，实验人员会采集自身血液用于研究工作。这时候，全血完全没有经过感染源等检测。一定不要用不洁净的注射器采血，一定不要用同一个采血器交叉采血。由于采血需要专业的经验，没有接受过医学教育的人员不要擅自采血。

（2）血站采集的、某些指标不合格的全血或者某种成分被取出后剩下的成分血。血站采集血液前,通常会对献血者进行必要的检查,防止交叉感染。在献血车或献血屋采血后,送往血站检验科(检验项目有:血型、血红蛋白、转氨酶、乙肝、丙肝、艾滋、梅毒等),检测合格之后才接受献血。血站采集的血液还要经过二次检查,二次检查合格的才可以继续采血。血站采集的血液有时候会分离出需要的成分血,比如血小板,余下的成分血(含白细胞的血浆等)可以提供给科研使用。

(3)临床样本。根据课题研究内容的不同,临床来源的血液样品差别很大。血液样品来源的不同个体虽然有详细的血液检查,但是因为课题研究的需求,对血液样品的传染源检测指标通常不作要求(比如艾滋病、乙肝、丙肝是否阳性,转氨酶指标多少等不作约束)。

2. 全血和成分血的使用要求

(1)在使用全血或者成分血时,一定要戴好手套和口罩,做好防护。如果有破损皮肤接触到血液,立即挤压伤口周围的局部皮肤,用流水冲洗干净。必要时用酒精、碘酊消毒处理。然后就医,征求专业医生的意见。

(2)使用全血和成分血时,接触的所有耗材要按照医疗垃圾处理,不可按照生活垃圾处理。再循环使用的耗材类,需要高温灭菌杀毒 20 min 后才可以再次使用。

4.6 生物实验废弃物的处理

1. 病原微生物的培养液及其沾染物处理

在开放的实验环境里,不容许操作和使用第一、第二类病原微生物。如果使用第三类病原微生物,需要经过所属单位评估实验室的生物安全条件和安保措施能够确保所使用的病原微生物对人、动物和环境不构成严重危害，没有传播风险的情况下，才可以使用。第四类病原微生物在开放的生物实验条件下使用比较安全。在开放实验室使用第四类病原微生物对人、动物和环境的危害很小，但是为了尽量减少环境的污染，病原微生物的废弃物及其沾染物需要妥善处理后才能丢弃。以下重点讨论第四类病原微生物的废弃物如何处理。

细菌的培养液，通常用 30 倍稀释的 84 消毒液浸泡 30 min 以上，即可有效杀死细菌。稀释的 84 消毒液也可以用来处理细菌沾染物，比如离心管、试管等。但是 84 消毒液有一定的刺激性和腐蚀性，暴露在空气中易挥发出氯气，对上呼吸道黏膜造成伤害，并且 84 消毒液会污染水体。因此不建议使用浓度过高的 84 消毒液。

高温灭菌能有效杀死细菌，不带来什么副作用，建议废弃的细菌培养液、细菌培养过程中的沾染物，用高温灭菌更好。通常在 121 ℃的条件下，灭菌处理 20 min 以上即可。

细菌培养过程中，用到的耗材有培养试管、培养瓶、琼脂平皿等。试管和培养瓶高温灭菌后清洗即可再次使用。琼脂平皿中的琼脂单独收集到塑料袋中，高温灭菌后可作为普通的生活垃圾处理。培养过程中使用的塑料离心管、平皿需要将细菌废液、琼脂清理干净，高温灭菌后作为废弃的塑料类回收。

噬菌体是细菌病毒，只能感染细菌，使细菌死亡，对人体没有直接的害处和益处。噬菌体的废弃物和沾染物必须高温灭菌处理，否则很容易造成噬菌体污染而影响细菌培养。在水分充足的情况下，55 ℃的温度就足以杀死噬菌体。在实验室便利条件下，通常会采用高压锅高温杀死噬菌体。通常在 121 ℃的条件下，处理 20 min 即可。

2. 真核细胞培养液及其沾染物处理

实验室使用的真核细胞有以下几个来源：

（1）活体组织研磨、酶消化后得到的原代细胞。这样的原代细胞通常传代次数少，不适合长期培养。通常我们在取用活体组织时没有检测任何的传染源，在使用过程中要佩戴手套、口罩等，严密防护。分离、培养原代细胞过程中使用的所有耗材都需要高温处理后才能丢弃。实验台面、通风柜等要用75％的酒精擦拭，产生的废液一定要用84消毒液浸泡或者高温处理后才可丢弃。

（2）病毒永生化的细胞。HEK293细胞就是腺病毒5型感染、永生化的人胚肾上皮细胞系。腺病毒分布很广，但对人体不出现致癌性。在体外培养的多种人体肿瘤细胞中均未查出腺病毒颗粒，但在人的1号染色体上有 *adl2* 的整合位点，这意味着人体细胞对于腺病毒也可能是非允许细胞，即这类细胞在病毒感染后，病毒不能在细胞内复制增殖，但可整合在受感染细胞的基因组内。这些细胞被病毒转化，表型发生改变，且可在体外无限期地培养传代。感染腺病毒的细胞虽然可能不包装病毒，但是会表达病毒的蛋白。EB病毒通常会用来感染B淋巴细胞形成永生化的淋巴细胞株用于研究。在Burkitt淋巴瘤细胞涂片中观察到疱疹病毒颗粒，说明EB病毒感染的细胞有潜在的分泌病毒颗粒的可能性。

（3）机体分离建株的各种肿瘤细胞株。我们知道肿瘤的发生与细胞的基因突变密切相关，但是很多肿瘤的发生与病毒的感染也密切关联。比如上面提到的Burkitt淋巴瘤及鼻咽癌的发生都与EB病毒的感染高度相关。肝癌的发生与乙肝病毒的感染有关系。感染后进入细胞的病毒会将自己的基因组整合到人染色体中，形成稳定的遗传改变。感染的细胞可能会表达病毒的蛋白,也很可能会形成、分泌有感染性的病毒颗粒。

在培养真核细胞的过程中,一定要戴手套,接触的表面用75%酒精擦拭,废弃的培养液用 30 倍稀释的 84 消毒液浸泡或高温处理后才可丢弃。使用的耗材类需要经过高温消毒后才能循环使用或者丢弃。

3. 全血和成分血废弃物处理

全血和成分血废弃物,以及接触的所有耗材要按照医疗垃圾处理,不可按照生活垃圾处理。再循环使用的耗材类,需要高温灭菌消毒 20 min。

4. 实验动物尸体和实验废弃物处理

实验动物的操作规范不再赘述。实验完成后,产生的废弃物按照医疗垃圾处理。相关耗材用 30 倍稀释的 84 消毒液浸泡或者 121 ℃的条件下,消毒处理 20 min 后,才可循环利用或者丢弃。实验动物的尸体按要求装入医用尸体回收袋,保存好送到专门的机构处理,不可随意丢弃。

参考资料

[1] 孙德明,李根平,陈振文,郑振辉,主编. 实验动物从业人员上岗培训教材[M]. 北京:中国农业大学出版社,2011.

[2] 周德庆. 微生物学教程[M]. 北京:高等教育出版社,2011.

[3] 李颖,李明春,主编. 真菌生物学实验教程[M]. 北京:科学出版社,2018.

[4] 叶冬青,主编. 实验室生物安全[M]. 北京:人民卫生出版社,2014.

[5] Chosewool LC,Wilson D E. Biosafety in Microbiological and Bio-medical Laboratories[M]. 5th ed. HHS Public Access,2009.

［6］ 〔美〕弗莱明(Fleming,D. O.),〔美〕亨特(Hunt,D. L.),主编.生物安全——原理与准则［M］.第 4 版.(Biological Safety:Principles and Practices,4th Edition).中国动物疫病预防控制中心,译(张仲秋,主译).北京:中国轻工业出版社,2010.

［7］ 刘来福.病原微生物实验室生物安全管理和操作指南［M］.北京:中国标准出版社,2010.

［8］ 周志平,陈薇薇,赵敏.EB 病毒感染及其相关性疾病［C］.北京地区肝病、感染学术年会,2013.

［9］ 陈娜娜,向冬喜,郑丛龙.腺病毒及其研究进展［J］.大连医科大学学报,2010,5:586－590.

［10］ 于潇淳,马世良.米曲霉外源表达系统研究进展［J］.中国生物工程杂志,2016,36(9):94100.DOI:10.13523/j.cb.20160912.

［11］ 李丁,秦岭.黄曲霉菌次级代谢的组学研究进展［J］.菌物学报,2020,39(3):509－520.DOI:10.13346/j.mycosystema.190375.

［12］ 张熙,韩双艳.黑曲霉发酵产酶研究进展［J］.化学与生物工程,2016,33(1):13－16.

［13］ 易浔飞,连兰兰.烟曲霉致病性与免疫系统相互作用的研究进展［J］.临床检验杂志,2016,34(2):132－135.

［14］ 杨洋,李启明,等.酸奶生产中噬菌体的预防与控制［J］.饮料工业,2017,20(6):43－46.

［15］ 卫生部.病原微生物实验室生物安全管理条例,2018 年修订版.

第 5 章　辐射防护安全

5.1　密封放射源

密封放射源是指除研究堆和动力堆核燃料循环范畴的材料以外,永久密封在容器中或者有严密包层并呈固态的放射性材料。放射源根据其危险程度分为 5 类,即 Ⅰ、Ⅱ、Ⅲ、Ⅳ、Ⅴ。其中Ⅰ类最危险,Ⅴ类危险性最小。

教学科研类实验室,一般使用的是Ⅳ类或Ⅴ类放射源。防止放射源丢失是使用放射源过程中最重要的任务,领取、使用、归还均应做到双人在场。虽然此类放射源危险性较小,但也应建立相应的操作规程,并严格执行。

（1）使用放射源时,首先要进行登记,注明使用日期、使用目的等事项。用毕归位,同样登记归还信息。

（2）任何类型的放射源不能用手直接拿取、触摸,所有放射源使用时要使用工具(长柄、短柄的镊子或钳子等)操作。

（3）操作 γ 或强 β 射线放射源时要有适当的屏蔽措施,包括铅砖、铅围裙、屏蔽眼镜等。

（4）放射源使用操作时间要合理地做到尽可能短,以避免不必要的照射。

5.2　开放放射源

开放放射源又称非密封放射性物质、开放源,是指非永久性密封在包壳或者紧密地固结在覆盖层里的放射性物质。教学科研用开放源一般以液态为主,常用于同位素示踪实验等。使用非密封放射性物质的实验,应建立相应的操作规程,并严格执行。

(1)开放源工作场所应实行严格的分区、分级管理。在划定的区域内开展相应级别的辐射实验。

(2)开放源的操作应根据所操作的放射性物质的量和特性,选择符合安全与防护要求的条件,尽可能在通风柜、工作箱或手套箱内进行。

(3)所有开放源的操作步骤中都要求戴乳胶手套,应在铺有塑料或不锈钢等易去除污染的工作台面上或铺有吸水纸的搪瓷盘内进行。

(4)操作 0.1 mCi(3.7×10⁶ Bq)以上的 γ 源或毫居里(mCi)级的其他放射源时,应考虑有效的防护措施,如屏蔽防护和戴防护眼镜等。

5.3　放射性废物的处理

用短半衰期核素的非密封性放射性实验室,应设置专门的放射性废液衰减池。不具备设置衰减池条件的,至少要设置两个及以上的衰变罐。短半衰期放射性废液衰变至本底辐射水平后方可解控处理。

含短半衰期核素的放射性固体废物(含沾染物等)应单独回收和存放,等待解控处理。含长半衰期放射性核素的废液,必须进行固化整备,之后送至城市放射性废物库储存。含长半衰期核素的放射性固体废物(含沾染物等),应进行整备之后送至城市放射性废物库储存。

Ⅰ、Ⅱ、Ⅲ类废旧放射源应返回原生产厂家进行处理。Ⅳ、Ⅴ类废旧放射源可在包装整备之后送至城市放射性废物库储存。

5.4　放射性溶液遗洒的处理

一旦发生放射性溶液遗洒事件,立即通知实验室管理人员。对于含短半衰期放射性核素溶液的遗洒,一般由实验室管理人员进行放射性去污工作,放射性去污工作完成后应完成事故和处理报告并交本单位主管部门备案。对于含长半衰期放射性核素溶液的遗洒,应由实验室管理人员报告至本单位主管部门和上级主管部门,并请专业的去污人员进行放射性去污工作,放射性去污工作完成后应完成事故和处理报告并交本单位和上级主管部门备案。

含短半衰期核素的放射性溶液遗洒的实验台面、地面,应尽快用吸水纸吸掉遗洒的溶液。用 10% 的柠檬酸钠溶液清洗擦拭实验台面、地面,之后用酒精棉擦拭实验台面、地面。收集去污产生的沾染物至放射性废物库。用铅砖屏蔽污染区域,张贴警示标识,直至安全解控。

含长半衰期核素的放射性溶液遗洒的实验台面、地面,应请专业的人员进行清理和去污工作。去污产生的沾染物应进行整备之后送至城市放射性废物库储存。

5.5　X 射线的使用

根据射线装置对人体健康和环境可能造成危害的程度,从高到低将射线装置分为Ⅰ类、Ⅱ类、Ⅲ类。Ⅰ类为高危险射线装置,Ⅱ类为中危险射线装置,Ⅲ类为低危险射线装置。

一般Ⅲ类射线装置包括 X 射线衍射仪、X 射线光谱仪、X 射线能谱仪、X 射线辐照仪、X 射线荧光仪、X 射线检测装置(测厚、称重、测孔径、测密度等)、各种类型的粒子加速器(包括电子、质子、重离子等)等,均应纳入许可证范畴,按照国家相关法律法规严格管理。教学科研用 X 射线衍射仪等Ⅲ类射线装置也应纳入许可证范畴,加强管理。

购置上述仪器之前,应进行严格的甄别,确定其是否为射线装置。若未甄别清楚,就会存在射线装置未纳入许可证管理的可能。

仪器操作人员应进行辐射安全培训,进行个人剂量监测并定期进行体检。

第6章 压力容器安全

6.1 反应釜

水热反应是在密闭的水热反应釜中进行,这种反应釜由不锈钢材料制成,釜内根据需要可以放入聚四氟乙烯内衬(图6-1)。

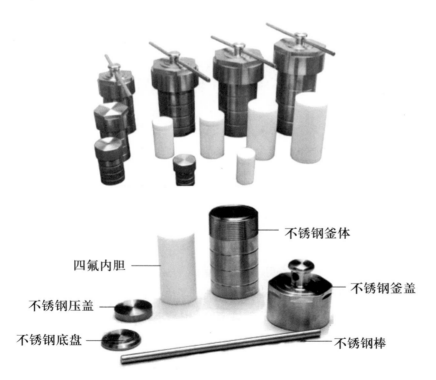

图 6-1 常见反应釜外壳和内衬

它可用于原子吸收光谱及等离子发射等分析中的溶解样品预处理;也可用于小剂量的合成反应;还可利用罐体耐强酸或强碱且高温高压密闭的环境来达到快速消解难溶物质的目的。可在铅、铜、镉、锌、钙、锰、铁、汞等金属测定中应用,还可作为一种耐高温耐高压防腐高纯的反应容器,以及用于有机合成、水热合成、晶体生长或样品消解萃取等方面。

1. 操作注意事项

(1)在每次使用前,应该仔细检查不锈钢壳是否有裂纹,聚四氟乙烯内胆是否有破损。有裂纹的不锈钢反应釜必须丢弃,有破损或扭曲的内胆必须更换。使用之前检查釜的密封性(防止使用过程中漏气等)。

(2)使用时,严禁超温超压使用,最高温度≤220 ℃(聚四氟乙烯内胆,白色)或≤280 ℃(对位聚苯 PPL 内胆,黑色),最高压力≤3 MPa。

(3)反应内杯容量最高80%,一般不超过一半。如果反应物的产气量过大,建议冷硝化过夜,全用高氯酸、双氧水等尤其要注意(一般禁止使用,使用必须告知)。

(4)硝酸不能和有机原料混用,以防生成爆炸性的硝基化合物。对于大量产热或产气反应(比如氧化剂和有机物混合),不能在反应釜中进行。

(5)对烘箱控温要求高,控温误差最好<±2 ℃,一定要防止烘箱温度过高(即实际温度远大于设定温度),否则会有危险。建议分段设定温度或者缓慢升温。可参考烘箱使用指南。

(6)烘箱开始升温时,应与烘箱保持距离,以防爆炸伤人,离开时须委托他人照看,原则上不做过夜反应。降温至室温后方可取出(确保安全时,可高温取出,高温釜放置处需做安全标识),取釜和开釜时需有必要的安全防护措施,比如面部防护,手脚防护,呼吸防护等。

（7）开釜时必须等反应釜完全冷却,即便如此,也应该十分小心,因为它们还可能处在气体状态下。

2. 操作方法

反应釜使用流程请见图 6-2。

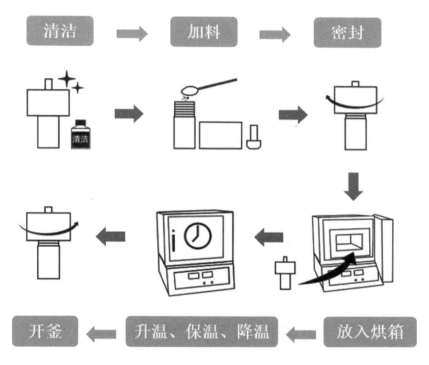

图 6-2 反应釜使用流程

（1）使用前先将内胆用酸液（依据具体实验而定）浸泡一段时间,可将内胆表面附着物清洗干净。

（2）将反应物倒入聚四氟乙烯内胆（或 PPL 内胆）,并保证加料系数小于 80%。

（3）确保釜体下垫片（不锈钢底盘）位置正确（凸起面向下），然后放入聚四氟乙烯内胆和上垫片（不锈钢压盖），先拧紧釜盖，然后用螺杆（非螺杆反应釜时用扳手）把釜盖旋钮拧紧为止。

（4）将水热反应釜置于加热器内，按照规定的升温速率升温至所需反应温度（禁止超过安全使用温度）。

（5）待反应结束后将其降温时，也要严格按照规定的降温速率（<5 ℃/min）操作，以利于安全和反应釜的使用寿命。当确认反应釜温度降至室温后，方可打开釜盖进行后续操作。

（6）确认釜内温度低于反应釜内各种溶剂沸点后，先用螺杆（非螺杆反应釜时用扳手）把釜盖旋钮松开，然后将釜盖打开。

（7）水热反应釜每次使用后要及时将其清理干净，以免锈蚀。釜体、釜盖线密封处要格外注意清洗干净，并严防其碰伤损坏。

6.2　高压气瓶

高压气瓶（气体钢瓶）是储存压缩气体的特制压力容器。使用时，由于钢瓶的内压很大，而且盛装的有些气体易燃或有毒，使用钢瓶时请注意以下几点：

（1）应从有正规资质的厂家购买钢瓶。使用任何气体或气体混合物之前，要了解气体的物理化学性质和安全防范措施，认识到潜在的危险，并对可能出现的意外做好防范预案。

（2）钢瓶应直立存放在阴凉、干燥、通风的地方，远离热源，使用铁链固定防止钢瓶倾倒。易燃、易爆、有毒气体钢瓶应存放在室外或者气瓶柜内，并做专有气路、安装气体泄漏报警器，有条件的可安装气体报警强排风联动系统。可燃性气体钢瓶与氧气钢瓶不能同放一室。重新灌装压缩气体钢瓶，只能由有资质的压缩气体制造商来做。

（3）搬运钢瓶应使用钢瓶车，要小心轻放，禁止拖拽、转动，钢瓶帽要旋好。使用钢瓶时须配备减压阀，各种气体的减压阀不得混用。绝不可使油或其他易燃性有机物沾在氧气瓶上（特别是气门嘴和减压阀），也不得用棉、麻等物堵漏，以防燃烧引起事故。

（4）开启总阀门时，不要将头或身体正对总阀门，防止万一阀门或压力表冲出伤人。不可将钢瓶内的气体全部用完。

（5）使用时应先打开钢瓶总阀门，此时高压表显示出瓶内贮气总压力。慢慢地顺时针转动调压手柄，至低压表显示出实验所需压力为止。停止使用时，先关闭总阀门，待减压阀中余气逸尽后，再关闭减压阀。

（6）钢瓶应定期检验，不合格的钢瓶不可继续使用。

（7）钢瓶存放在室外时，应保持通风良好，避免直晒，避免放在空调外机下方。在使用中若发生管路着火，立即关闭总阀门并选择相应的灭火器材进行扑救。

（8）对于可燃气体的管路一定要安装回火防止器，并定期更换新的回火防止器。

（9）注意钢瓶的报废年限和检测要求，及时报废检测。钢瓶的配件不得自己修理。

6.3　高压灭菌锅

高压灭菌锅，又名高压蒸汽灭菌锅。在密闭的蒸锅内，随着压力不断上升，使水的沸点不断提高，从而锅内温度也随之增加。在 0.1 MPa 的压力下，锅内温度达 121 ℃，维持压力 20 min。在此条件下，可以杀死各种细菌及高度耐热的芽孢。对于实验室环境，高压灭菌是一种方便、快速、有效的去除病原微生物的办法。

目前实验室级别较高的高压蒸汽灭菌锅都设定有固定的工作程序,先升温升压,压力和温度达到设定值后维持 20 min,然后降压到 1 个大气压(压力显示为零)和温度低于 60 ℃。在此之前,安全锁锁死无法打开,只有在压力降到零和温度低于 60 ℃以后,安全锁才会自动打开,方可以开启高压锅盖取出物品。在异常情况下,主动切断电源再次开启后,安全锁会失效,这时候开启高压锅盖子,会引起激烈的减压沸腾,使容器中的液体四溢,严重时锅内高温蒸汽可致烫伤。当压力降到零后,才能开盖,取出物品。但是,一旦放置过久,由于锅内有负压,盖子反而不容易打开。这时只要将放气阀打开,大气压入使内外压力平衡,盖子便易打开了。

高压锅工作过程中,有两个阶段会向外排气:

(1)升温升压阶段。完全排出锅内空气,使锅内全部是水蒸气,灭菌才能彻底。高压灭菌放气有几种不同的做法,但目的都是要排净空气,使锅内均匀升温,保证灭菌彻底。在选择程序高压锅开始工作后,会自动关闭放气阀,待压力上升到 0.05 MPa 时,打开放气阀,放出空气,待压力表指针归零后,再关闭放气阀。关阀后,压力表上升达到 0.1 MPa 时,开始计时,在压力 0.1~0.15 MPa 下维持 20 min。

(2)降温降压阶段。到达保压时间后,高压锅会缓慢降压放出蒸汽,压力降低太快,会引起激烈的减压沸腾,使容器中的液体四溢。

在使用高压锅前,要检查和确认以下事项:

(1)出气管口插入并且固定在塑料瓶内。

(2)水箱的水位在安全水位线内。

(3)高压锅内的水位在要求的、安全的水位处。在检查确认符合要求后才能使用高压锅。

(4)根据要高压物品的性质选择高压模式。高压固体类使用＜SOLID MODEL＞；高压液体类使用＜LIQUID MODEL＞；如果固体类和液体类一起高压，一般选择＜LIQUID MODEL＞。

（5）高压任何瓶子或者液体类，要将瓶盖松开，或者用透气瓶塞。禁止用塑料胶塞将瓶子盖拧紧后进行高压。

（6）必须等高压全过程结束，高压锅内温度降低到安全温度后，才能打开高压锅盖。禁止在高压过程中强制打开高压锅，以免烫伤。

（7）禁止私自随意改动高压模式。

（8）禁止在任何不安全情况下使用高压锅。

（9）定期由有资质的工程师对高压锅进行年检并保留记录，达到使用年限的高压锅应及时淘汰。

6.4　高压反应釜

高压反应釜是一种可以进行带压力密闭反应操作的反应装置，以高压容器为主体，附件包括压力计、高压阀、安全阀、电加热器、搅拌器、控制器及密封垫等。使用高压反应釜的人员应先接受严格的操作培训。操作者应注意以下几点：

（1）高压反应釜应由专人管理，使用前需经负责人同意填写申请表，并详细阅读使用说明书。要严格按照高压反应釜安全使用规程使用，实验时需两人以上在场，均需做好预案和防护，不得单人实验。

（2）高压反应釜工作过程中，打开换气扇，保证通风良好。

（3）釜内有压力时，严禁扭动螺母或敲击高压反应釜。

（4）注意保护进气管、排气管及压力表与釜盖连接的支管开关，开关高压反应釜时注意两密封面不要作相对转动。

（5）随时观察压力表的示数，预防超温超压。全程记录跟踪反应釜内温度和压力。

（6）实验过程中人不得离开实验室。实验过程一旦漏气，立刻停止加热，停止实验，等待自然冷却，严禁高温下扭动螺母试图开釜。

（7）反应釜不耐强酸，反应液中禁用盐酸、硫酸、硝酸等强酸。

（8）定期请有资质的工程师对高压反应釜进行年检并保留记录，达到使用年限的应及时淘汰。

参考资料

[1] 林建华,荆西平,等. 无机材料化学[M]. 第 2 版. 北京:北京大学出版社, 2018.

[2] 徐如人,庞文琴. 无机合成与制备化学[M]. 第 2 版. 北京:高等教育出版社,2009.

[3] 施尔畏,夏长泰. 水热法的应用与发展[J]. 无机材料学报,1996,11(2):193−206.

[4] 文凡. 反应釜安全操作规程[J]. 吉林劳动保护,2014,(9):39.

第7章　消防安全与应急设备

7.1　消防过滤式自救呼吸器

消防过滤式自救呼吸器由防护头罩、过滤装置和面罩组成，或由防护头罩和过滤装置组成。面罩可以是全面罩或半面罩。呼吸器具有防毒、防火、防热辐射、防烟功能，在扑救火灾和逃生过程中可有效地保护人的呼吸系统、眼睛及面部。消防过滤式自救呼吸器的使用及注意事项如下：

（1）打开盒盖，取出真空包装袋。

（2）撕开真空包装袋，拔掉滤毒罐前后两个罐塞。

（3）戴上头罩，拉紧头带。

（4）消防过滤式自救呼吸器仅供一次性使用，不能用于工作保护，只供个人逃生自救，不能在氧气浓度低于17％的环境中使用 。

（5）扑救火灾或穿过烟雾区佩戴消防过滤式自救呼吸器时，不要因感到呼吸空气干热而脱掉头罩。

消防过滤式自救呼吸器应储存在0～40℃的环境下，要有良好通风。应注意有效期并及时更换。

7.2　防火门

防火门是指在一定时间内连同框架能满足耐火稳定性、完整性和隔热性要求的门（图 7-1）。它是设在防火分区间、疏散楼梯间、垂直竖井等部位，具有一定耐火性的防火分隔物。

防火门除具有普通门的作用外,更具有阻止火势蔓延和烟气扩散的作用,可在一定时间内阻止火势的蔓延,确保人员疏散。

图7-1

图 7-1　防火门

防火门按材质可分为钢制防火门、木质防火门、钢木防火门、其他材质防火门。按耐火等级可分为隔热防火门、部分隔热防火门、非隔热防火门。

防火门有常开式防火门和常闭式防火门,双扇防火门应具有按顺序自行关闭的功能。设置在建筑内经常有人通行的防火门宜采用常开式防火门。常开式防火门应能在火灾时自行关闭,并应具有信号反馈的功能。除允许设置常开式防火门的位置外,其他位置的防火门均应采用常闭式防火门。常闭式防火门应在其明显位置设置"保持防火门关闭"等提示标识。常闭式防火门应保持在关闭状态。

平时应定期检查防火门的启闭功能。并做好检查记录,有问题应及时修理。

7.3　防火卷帘

防火卷帘是指在一定时间内,连同框架能满足耐火稳定性和耐火完整性要求的卷帘(图 7-2)。防火卷帘可分为钢制防火卷帘、无机纤维复合防火卷帘和特级防火卷帘,是现代高层建筑中不可缺少的防火设施,具有防火、隔烟、抑制火灾蔓延、保护人员疏散的特殊功能,同时为实施消防灭火争取宝贵的时间。防火卷帘门是一种防火分隔物,平时卷起在门窗上端的卷轴箱中,起火时可手动或自动将其放下展开。

图7-2

图 7-2　防火卷帘

防火卷帘具有自动和手动功能,火灾发生后,中控室火灾报警主机设置在自动状态下防火卷帘门自动落下,也可现场通过手动方式使防火卷帘门落下。

应定期对防火卷帘自动启动和现场手动功能进行检查。

7.4　淋洗器(紧急喷淋器)、洗眼器

洗眼器和淋洗器是实验室常用应急急救设备,依据北京市地方标准"实验室危险化学品安全管理规范"(DB11/T 1191.2—2018)第7.11条规定:"经常使用强酸、强碱、有化学品烧伤危险或有液体毒害危险的实验室应安装淋洗器,在试验台附近应安装洗眼器。淋洗器、洗眼器的服务半径应不大于15 m。"

当大量化学品溅洒到身上或身上起火时,可用紧急喷淋器(图7-3)进行全身喷淋(与水发生反应的物质除外)。受伤者站在喷头下方,打开阀门开关,如喷淋处没有地漏,受伤者冲洗之后应立即关闭阀门。必要时尽快到医院治疗。

图7-3

图 7-3　淋洗器(紧急喷淋器)

每年不少于两次对淋洗器进行检查放水,淋洗器的水压应不低于 0.2 MPa。

当眼睛受到危险化学品伤害时,可先用洗眼器(图 7-4)进行冲洗,严重时尽快到医院治疗。为了防止水管内水质腐化或阀门失灵,应指定专人每周对紧急洗眼器进行启动试水。洗眼器水压过低会影响冲洗效果,水压过高会对眼睛造成伤害,因此洗眼器的水压应在 0.2~0.7 MPa 之间。为避免紧急洗眼器的喷嘴被污染,请盖好防尘盖。

图7-4

图 7-4 洗眼器

　　使用方法：取下洗眼器，握住手柄对准眼部，冲水过程请努力保持睁眼状态，按下手柄出水，松开手柄关水，按下手柄并上推按钮可持续出水，下推按钮并松开手柄则可关水。每个实验室每周应对洗眼器做一次放水操作和检查，有问题需及时报修。

　　身上或眼部沾染与水反应的化学品，不可使用淋洗器或洗眼器进行冲洗。

7.5　手动火灾报警按钮

　　手动火灾报警按钮（图 7-5）是火灾报警系统的重要组成部分，是一种重要的火灾报警设备。手动火灾报警按钮设置在疏散通道或出入口处明显和便于操作的部位。采用壁挂方式安装时，其底边距地高度宜为 1.3～1.5 m，且应有明显的标志。

图7-5

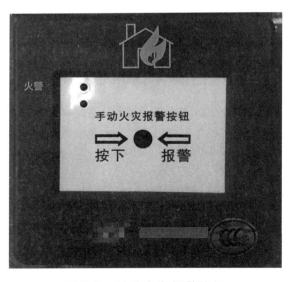

图 7-5　手动火灾报警按钮

每个防火分区应至少设置一只手动火灾报警按钮。从一个防火分区内的任何位置到最邻近的手动火灾报警按钮的步行距离应不大于 30 m。

火灾发生时，用力压下按钮的玻璃片，即可向中控室发出报警信号，报警系统主机响应后，火警灯即亮，控制器发出声光报警并显示手动火灾报警按钮的地理位置。禁止非火警情况下按下手动火灾报警按钮！

应定期对火灾报警按钮的报警功能进行检查。

7.6　自动体外除颤器(AED)

对于心脏骤停患者的急救，除了我们熟知的心肺复苏，还有一个"救命神器"——自动体外除颤器，也就是俗称的 AED(automated external defibrillator)。早期心肺复苏与除颤的关键性联合是抢救心脏骤停的最佳策略，早期电除颤更是抢救心源性猝死病人生命最关键的环节。AED 最大特点是无须使用者具备高水平判读心电图的能力，只要根据它的语音提示进行操作，即可完成心电图自动分析、除颤。一般非医务人员在接受一定时间学习演练后，都能完全掌握。

AED 的操作步骤一般分成四步：开开关、贴电极、插插头、除颤。具体见图 7-6。

第一步，打开 AED 的电源开关。

第二步，在病人胸部适当的位置上，紧密地贴上电极，具体粘贴位置可参考电极片上的图片说明。

第三步，插好插头。将电极片的插头插在 AED 的插口上，AED 就会自动分析心律。此时不要接触或移动病人。

第四步，电击除颤。AED 分析完毕后，会发出是否进行除颤的建议；当有除颤指征时，根据 AED 语音提示远离病人，并确

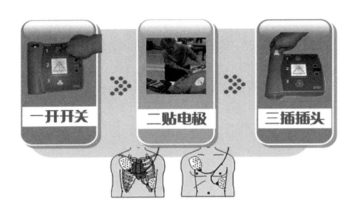

图7-6

四除颤：除颤器将自动进行分析结果，通过语音提示，
按下除颤钮除颤。如不需要除颤，则会用语
音提示做心肺复苏。

大家让开！我也让开了！！

图 7-6　AED 使用操作步骤

认没有其他人接触病人,之后按下"放电"键除颤。

AED 仅适用于心脏骤停的病人,使用时一定要注意安全：

（1）使用前应确认无人及金属接触病人。

（2）确保电极片平整牢固（无折皱）地黏附在病人干燥的皮
肤上。如病人有胸毛,请除去,以免电击时皮肤被烧焦。

（3）使用过程中要关注声音提示和屏幕信息。

（4）定期安排人员给 AED 充电、维护。

参考资料

［1］　消防过滤式自救呼吸器. GA 209—1999.

［2］　火灾自动报警系统设计规范. GB 50116—2013.

［3］　防火卷帘, GB 14102—2005.

［4］　防火门, GB 12955—2008.

［5］　消防控制室通用技术要求, GA 767—2008.

［6］　北京大学化学与分子工程学院实验室安全技术教学组, 编著. 化学实验室安全知识教程［M］. 北京：北京大学出版社, 2018.

［7］　顾向荣, 马文军, 朱钧, 编著. 有毒有害工种从业人员必读［M］. 北京：化学工业出版社, 2007.

［8］　实验室危险化学品安全管理规范. DB11/T 1191.2—2018.

［9］　Emergency Eyewash and Shower Standard. ANSI/ISEA Z358. 1—2014.